最爱吃的
家常菜

张雅 ◎ 编著

电子工业出版社.
Publishing House of Electronics Industry
北京·BEIJING

图书在版编目（CIP）数据

最爱吃的家常菜 / 张雅编著. -- 北京：电子工业

出版社，2024. 10. -- ISBN 978-7-121-48929-7

Ⅰ. TS972.127

中国国家版本馆CIP数据核字第2024DW9610号

责任编辑：王小聪
印　　刷：唐山富达印务有限公司
装　　订：唐山富达印务有限公司
出版发行：电子工业出版社
　　　　　北京市海淀区万寿路 173 信箱　邮编：100036
开　　本：889×1092　1/16　印张：10　字数：92.16 千字
版　　次：2024 年 10 月第 1 版
印　　次：2024 年 10 月第 1 次印刷
定　　价：39.80 元

凡所购买电子工业出版社图书有缺损问题，请向购买书店调换。若
书店售缺，请与本社发行部联系，联系及邮购电话：（010）88254888，
88258888。

质量投诉请发邮件至 zlts@phei.com.cn，盗版侵权举报请发邮件至
dbqq@phei.com.cn。

本书咨询联系方式：（010）68161512，meidipub@phei.com.cn。

第一章
清爽蔬菜

目录 Contents

第二章
菌菇和豆制品

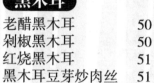

第三章
美味禽蛋

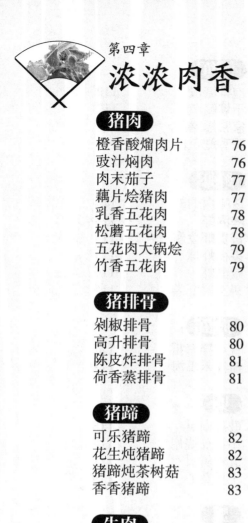

第四章
浓浓肉香

第五章
鲜嫩水产

第六章

幸福汤煲

第七章
精品主食

爽菜清蔬

蔬菜是我们日常生活中不可或缺的食物之一，四季时蔬为我们提供了丰富的营养。

来吧，让我们做一道美味的菜肴，献给最爱的爸爸妈妈，犒劳默默付出的老公，送给可爱的宝贝，招待许久不见的亲朋好友……让我们一起用心做出美食，让蔬菜的营养、美味、健康与你我同在。

第一章

白菜

白菜性微寒，有清热除烦、通利肠胃、清肺热之功效。

清热燥湿
利水利胆

炝炒大白菜

材料： 白菜梗 400 克，葱花适量。

调料： 干辣椒段、花椒、盐、味精各适量。

做法： 1.白菜梗洗净，切成丝。

2.水烧沸，放入白菜丝稍余烫，捞出。

3.油锅烧热，放入干辣椒段、花椒炝锅，再放白菜丝翻炒片刻，加入盐、味精，撒上葱花即可。

* 小贴士　大白菜不宜食用的 4 种情况：腐烂的、剩得时间过长的、没腌透而半生半熟的、反复加热的大白菜。

白玉卷

材料： 白菜叶、鸡胸肉各 100 克，豆腐条 200 克，葱末、姜末各适量，胡萝卜粒 20 克。

调料： A.料酒、白糖、白胡椒粉、水淀粉、生抽、盐各适量；B. 蚝油 1 小匙，白糖、水淀粉各适量。

做法： 1.沸水余烫白菜叶和豆腐条，捞出过凉水；鸡胸肉加入调料 A 抓匀腌渍 20 分钟，然后均匀地包裹在每个豆腐条上；胡萝卜粒和豆腐条包入白菜叶，入蒸屉大火蒸 5 分钟。

2.油锅烧热，煸葱末、姜末，加入蚝油、白糖和水淀粉搅匀，淋在蒸好的豆腐卷上即可。

材料：白菜 350 克，姜片适量。

调料：料酒、醋、水淀粉、酱油、干辣椒段、盐各适量。

做法：1. 白菜洗净，取梗切成斜片。

2. 油锅烧热，放入白菜片煸至断生，盛出，控干水分。

3. 另取油锅烧热，放入干辣椒段、姜片炒香，下入白菜片翻炒几下，烹入料酒、醋、酱油、盐调味，加入水淀粉勾芡即可。

醋熘辣白菜

材料：白菜心 500 克，腐乳 4 块，香菜、胡萝卜粒各少许。

调料：腐乳汁适量。

做法：1. 白菜心洗净，放入沸水中氽烫熟，捞出沥干，装入盘中。

2. 将胡萝卜粒撒在白菜上。

3. 将腐乳块摆入盘中，倒入腐乳汁，撒上香菜即可。

腐乳白菜

材料：韩式辣白菜 200 克，豆腐 150 克，芹菜段、姜丝各适量。

调料：盐、白糖、鸡精各适量。

做法：1. 豆腐洗净，切成小块；辣白菜切成块。

2. 油锅烧热，放入姜丝煸炒，再放入辣白菜块翻炒至出红油。

3. 将豆腐块放入锅中进行翻炒，加入适量热水，放入盐、白糖煮 5 分钟后，再放入芹菜段，待汤汁不多时，放入鸡精调味即可。

辣白菜烧豆腐

圆白菜

滋润脏腑

清热止痛

白菜高一些。

C 的含量要比

几，但维生素

与白菜相差无

圆白菜营养价值

手撕圆白菜

材料：圆白菜 500 克，姜、蒜各适量。

调料：干辣椒 5 个，花椒、盐各适量。

做法：1. 先将圆白菜放入水中浸泡 10 分钟，洗净后撕成片；干辣椒洗净后沥干，切成小段；姜、蒜分别切成片，备用。

2. 油锅烧热，放入花椒、干辣椒段煸炒，再放入姜片、蒜片翻炒数下，炒出香味后放入圆白菜片翻炒至断生，放入盐调味，翻炒均匀即可。

花生拌圆白菜

材料：圆白菜 200 克，麻辣花生 1 包。

调料：干红大辣椒段、生抽、香油、植物油、盐、醋各适量。

做法：1. 将圆白菜择洗干净，撕成小片，备用。

2. 将锅中的水烧沸，放入少许盐及适量植物油，再放入撕好的圆白菜片，大火煮 2 分钟，捞出，控干水分。

3. 将已经氽烫好的圆白菜片放入盘内，放入干红大辣椒段、盐、醋、生抽、香油，拌匀。最后，放入麻辣花生拌匀即可。

材料：圆白菜200克，紫甘蓝100克，皮蛋3个，姜末20克，蒜泥适量。

调料：盐、白糖、醋、香油、豉汁各适量。

做法：1.将圆白菜、紫甘蓝分别洗净，切成小块；皮蛋切成丁。

2.将蒜泥、盐、豉汁、醋、白糖、姜末、香油调匀，放入圆白菜块、紫甘蓝块、皮蛋丁，拌匀即可。

皮蛋圆白菜

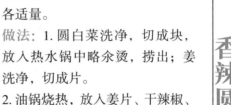

材料：圆白菜350克，姜适量。

调料：干辣椒、花椒、盐、味精各适量。

做法：1.圆白菜洗净，切成块，放入热水锅中略氽烫，捞出；姜洗净，切成片。

2.油锅烧热，放入姜片、干辣椒、花椒炒出香味，拣出花椒，然后放入圆白菜块，大火快速翻炒后放入盐、味精，继续快速炒至均匀即可起锅装盘。

香辣圆白菜

材料：圆白菜300克，胡萝卜片、蒜末、辣椒末各适量。

调料：柠檬汁、香油、盐、白糖各少许。

做法：1.将圆白菜洗净切成片，放入清水中浸泡20分钟，备用。

2.将胡萝卜片放入沸水中氽烫至熟，放入圆白菜叶片氽烫一下，捞出，过凉水，沥干水分，放入碗中。

3.将做法2中的材料放入蒜末、辣椒末及所有调料拌匀即可。

凉拌圆白菜

油菜

油菜为低脂肪蔬菜，且富含膳食纤维，中医认为油菜有活血化瘀、散血消肿的作用。

降低血脂 解毒消肿

蚝油豉汁油菜

材料：油菜 350 克，蒜瓣适量。

调料：素蚝油、白糖、豆豉、盐各适量。

做法：1. 油菜洗净，加入有盐的沸水锅中氽烫捞出，过凉水，放入盘中；豆豉切成末；蒜瓣拍碎。

2. 油锅烧热，放入蒜和豆豉煸炒出香，再放入素蚝油炒匀，然后加入白糖和适量清水，煮至浓稠，即成酱汁。

3. 将酱汁均匀地淋在油菜上即可。

油菜拌鲜菇

材料：小白蘑菇、油菜、洋菇各 80 克，熟松子、罗勒各 30 克，蒜 3 瓣。

调料：橄榄油 1 大匙，盐、黑胡椒粉各 1 小匙。

做法：1. 将罗勒、熟松子与蒜瓣洗净，放入搅拌机中加入少许凉开水打匀，然后加入所有调料拌匀制成酱汁。

2. 将油菜洗净，放入沸水中氽烫，过凉水，捞出沥干，盛入盘中。

3. 将小白蘑菇、洋菇分别去蒂洗净，切成片，放入沸水中氽烫熟，过凉水，捞出沥干，盛入碗中。

4. 将做法 3 中的材料加做法 1 中的酱汁拌匀，淋在油菜上即可。

材料：油菜 300 克，水发黑木耳 50 克，胡萝卜丝少许。

调料：盐、酱油、味精、辣椒油、花椒油各适量。

做法：1. 将油菜洗净；将水发黑木耳洗净，切成条。

2. 锅内加水烧沸，放入油菜、水发黑木耳丝、胡萝卜丝汆烫至断生后捞起，过凉水，捞出沥干，备用。

3. 将处理过的材料加入所有调料拌匀即可。

炝拌油菜

材料：油菜 300 克，海米 100 克。

调料：盐、香油各适量。

做法：1. 将油菜洗净，切成长段，放入沸水锅内汆烫一下，捞出沥干，加盐拌匀。

2. 将海米用温水泡发洗净，放在油菜上。

3. 淋入香油拌匀即可。

海米油菜

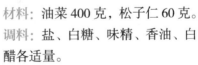

材料：油菜 400 克，松子仁 60 克。

调料：盐、白糖、味精、香油、白醋各适量。

做法：1. 将油菜洗净，放入沸水锅中汆烫片刻，过凉水，捞出沥干。

2. 油锅烧热，放入松子仁炒香，捞出沥油。

3. 将油菜与白醋、盐、白糖、味精拌匀，盛入盘中。

4. 最后加入炒好的松子仁，淋入香油拌匀即可。

松子油菜

菠菜

养血敛阴，润燥消渴。

阿尔茨海默病。
大脑老化，预防
新陈代谢，预防
质，能促进人体
C和微量元素物
菠菜富含维生素

奶酪菠菜

材料：菠菜 500 克，奶酪 150 克。

调料：盐、白糖各适量。

做法：1. 菠菜去根，洗净，放入沸水中汆烫片刻捞出。

2. 将汆烫好的菠菜放入冷水中，捞出，沥干水分，备用。

3. 油锅烧热，放入菠菜爆炒，再放入奶酪使其化开后翻炒。

4. 最后放入盐、白糖调味，翻炒均匀即可。

*小贴士　汆烫蔬菜时应将水煮沸后再放入蔬菜，这样既可减少维生素的流失，又能保持蔬菜的原有色泽。

肉酱菠菜

材料：菠菜 300 克，猪肉末 100 克。

调料：盐、味精、酱油、料酒、甜面酱各适量。

做法：1. 油锅烧热，放入猪肉末煸炒至干香色黄，备用。

2. 加入甜面酱、酱油、料酒炒匀。

3. 再加入盐、味精及少许清水烧沸，制成肉酱，晾凉后备用。

4. 菠菜择洗干净，切成段，放入沸水中汆烫至断生，捞出后晾凉，食用时淋上肉酱拌匀即可。

材料：菠菜 350 克，枸杞子 30 克。

调料：蚝油 1 大匙，橄榄油 1 小匙，盐适量。

做法：1.将菠菜择洗干净，切成段，放入沸水锅中汆烫至软，捞出沥干。

2.枸杞子洗净，放入清水中浸泡 10 分钟，捞出沥干。

3.锅中加入橄榄油烧热，放入枸杞子略炒片刻，加入蚝油、盐和少许水煮沸，制成酱汁，冷却后淋在菠菜上拌匀即可。

*小贴士　蔬菜要先洗后切、随切随炒。烹调蔬菜时，可适当加一点醋，这样有助于减少维生素 C 的流失。

 枸杞子拌菠菜

材料：菠菜 300 克，鸡蛋 2 个。

调料：盐、香油各适量。

做法：1.将菠菜洗净，切成段，放入沸水中汆烫熟，捞入凉开水中过凉后捞出，沥干。

2.将鸡蛋打入碗内，搅匀。

3.油锅烧热，倒入鸡蛋液煎成蛋皮，盛出晾凉，切成丝。

4.将菠菜段、鸡蛋丝放入碗中，调入盐、香油拌匀即可。

菠菜拌蛋皮

苋菜

苋菜含大量赖氨酸和维生素C，常食可以减肥轻身，促进排毒，预防和缓解便秘。明目利咽，促进排毒。

苋菜煎黄瓜

材料：黄瓜400克，苋菜200克，小米椒2个，蒜末适量。

调料：酱油、盐各适量。

做法：1. 黄瓜洗净，切成片，并用适量盐抓匀。

2. 将苋菜洗净，切成段；小米椒洗净，切成圈。

3. 锅中放少许油烧热，放入黄瓜片，两面煎至断生，盛出。

4. 锅置火上，倒入适量油，将小米椒圈和蒜末炒香。

5. 加入苋菜段，炒出香气，放入黄瓜片，滴入酱油，炒匀即可。

上汤苋菜

调料：苋菜500克，皮蛋1个，蒜、姜各适量。

调料：盐适量，素高汤500毫升。

做法：1. 将苋菜择洗干净；姜洗净，切成丝；蒜剥皮，切成片；皮蛋剥皮后，切成小丁，备用。

2. 将苋菜洗净后放入沸水中汆烫，捞出，沥干水分。

3. 油锅烧热，放入蒜片、姜丝煸炒，倒入素高汤煮沸，放入皮蛋丁，放入盐调味。

4. 最后将煮好的高汤淋在苋菜上，按照喜好点缀即可。

娃娃菜

养胃生津
除烦解渴

娃娃菜性微寒，
经常食用有利
尿通便、清热解
毒之功效。

材料： 娃娃菜 200 克。

调料： 剁椒、豆豉各少许，盐、味精、醋各适量。

做法： 1. 将娃娃菜一片片掰开，洗净，切成段，摆放在盘中。

2. 将剁椒、豆豉剁碎，均匀地铺在娃娃菜叶上。

3. 锅置火上，加入适量水，将娃娃菜放入锅中，大火蒸 8 分钟，取出，倒掉盘中的水，调入适量盐、味精、醋，拌匀即可。

川式娃娃菜

材料： 娃娃菜 300 克，葱、红辣椒各适量。

调料： 生抽、植物油、盐各适量。

做法： 1. 娃娃菜洗净，剖开，切成长条；葱、红辣椒分别洗净，切成丝。

2. 锅内加水烧沸，加盐、植物油，将娃娃菜条放入沸水中余烫，捞出，沥水后摆放到盘子中，上面摆放葱丝、红辣椒丝，再加入适量生抽。

3. 锅置火上，倒入适量油烧热，将热油泼在烫熟的娃娃菜上，将盘子中的汤汁重新倒入锅中，将汁煮沸后，再次均匀地淋在娃娃菜上，拌匀即可。

扒油娃娃菜

茄子

清热解暑
消肿止痛

老的功效。

壮阳、延缓衰
心明目、益气
缓解疲劳、清
族维生素，有

茄子皮里含有 B

鱼香茄子煲

材料：茄子 500 克，泡椒、葱花各适量。

调料：盐、鸡精、白糖、酱油各适量。

做法：1. 茄子洗净，切成条；泡椒切成碎。

2. 油锅烧热，下泡椒炒香，再放入茄子条炒熟，加入白糖、酱油调味。

3. 锅内加入少许清水，烧至汁浓时放入盐、鸡精搅匀。

4. 最后撒上葱花即可。

蒜泥茄条

材料：茄子 400 克，白芝麻、蒜、葱各适量。

调料：辣椒酱、水淀粉、盐、红油、醋各适量。

做法：1. 茄子洗净，切成条；蒜去皮洗净，切成末；葱洗净，切成葱花。

2. 锅内加水烧热，放入茄子条氽烫，捞出沥干，备用。

3. 油锅烧热，下蒜末、白芝麻炒香，放入茄子滑炒，调入盐、醋、红油、辣椒酱炒匀，加入水淀粉焖煮至熟，装盘撒上葱花即可。

材料：茄子 400 克，青椒、红甜椒各适量。

调料：盐、味精、醋、酱油各少许。

做法：1. 茄子洗净，切成片，放入清水中稍泡后捞出，挤干水分；青椒、红甜椒均洗净，切成片。

2. 油锅烧热，放入茄子片翻炒，再放入青椒片、红甜椒片炒匀。

3. 炒至熟后，加入盐、味精、醋、酱油拌匀调味，起锅装盘即可。

椒香茄片

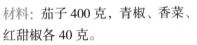

材料：茄子 400 克，青椒、香菜、红甜椒各 40 克。

调料：盐、鸡精、酱油各适量。

做法：1. 茄子洗净，切成条；青椒、红甜椒分别洗净，切成丁；香菜洗净，切成段。

2. 油锅烧热，放入茄条炸熟，捞出控油。

3. 锅底留油，放入青椒丁、红甜椒丁炒香，再放入炸过的茄条同炒片刻，放入调料调味，撒上香菜即可。

酱爆茄条

材料：长茄子片 400 克，鸡蛋（取蛋黄）1 个，蒜泥、面粉、薄荷叶各少许。

调料：盐、酱油、香油各少许。

做法：1. 将鸡蛋黄、面粉、水、盐搅拌均匀调成汁，放入茄子片，裹上调好的鸡蛋汁。

2. 将茄子片放入热油锅中煎至两面金黄，盛出，点缀上薄荷叶。

3. 在碗内加入蒜泥、酱油、香油调成汁，用茄片蘸汁食用。

素煎茄片

土豆

健脾和胃
益气调中

土豆营养丰富，是抗衰老的食物之一。含有多种维生素和矿物质，日常不妨常吃。

材料：土豆400克，辣椒少许，芹菜段适量。

调料：花椒，盐、鸡精少许。

做法：1.土豆去皮洗净，切成丝；辣椒洗净，切成段。

2.油锅烧热，放入芹菜段、辣椒、花椒炒香，再放入土豆丝，炒熟至金黄色，放入盐、鸡精炒匀即可。

*小贴士 在煸炒过程中淋些水，可防止土豆丝炒干、炒老。

干煸土豆丝

材料：土豆400克，香菜适量。

调料：干辣椒适量，盐、酱油、醋、味精各少许。

做法：1.土豆去皮洗净，切成丝；香菜洗净，切成段；干辣椒洗净，切成段。

2.油锅烧热，放入土豆丝炸至脆香，再放入干辣椒炒匀。

3.再加入盐、味精、酱油、醋拌匀调味，起锅装盘，撒上香菜即可。

香辣土豆丝

材料：土豆2个，纯椰子粉100克。

调料：干罗勒叶碎1小匙，黑胡椒粉、盐各少许。

做法：1.土豆去皮入蒸屉，大火蒸熟后放入一只大碗内，用勺子碾压，一边碾压一边放入椰子粉，搅拌均匀后，放入黑胡椒粉、干罗勒叶碎和盐，再搅拌均匀。

2.用冰激凌勺作为挖土豆泥的工具，土豆泥装满一勺，放入盘中，即为一颗饱满的土豆泥球。

椰香土豆泥

材料：土豆2个，青辣椒、红辣椒各1个，花生适量，蒜末、葱末、熟白芝麻各少许。

调料：干辣椒段适量，花椒、红油、生抽各1小匙，盐少许。

做法：1.土豆洗净，放入蒸锅大火蒸20分钟，取出土豆趁热去皮，放入大碗中用木勺捣碎成泥状，直到黏稠有劲，用汤勺将其塑成圆球状，放入碗中备用。

2.青辣椒、红辣椒洗净切成片。油锅烧热，加入花生炸至金黄捞出备用。

3.热油淋在干辣椒段和花椒上，将葱末、蒜末、青辣椒片、红辣椒片和干辣椒、花椒油混合，加入生抽、盐、红油调匀，调味汁淋在土豆球上，最后撒上熟白芝麻和花生即可。

洋芋搅团

山药

山药所含的淀粉糖化酶是萝卜中含量的数倍，胃胀时食用，有促进消化的作用。

凉拌山药

材料： 山药 150 克，葱、薄荷叶各适量。

调料： 醋、凉拌酱油各适量，香油少许。

做法： 1. 将山药去皮，洗净，切成薄片；葱洗净后，切成葱末，备用。

2. 将山药片放入沸水中汆烫后捞出，放入凉水中去除黏液。

3. 捞出山药片，放入盘中，加入所有调料和葱末，搅拌均匀后装盘，点缀上薄荷叶即可。

山药火龙果

材料： 火龙果 200 克，山药、青椒各 100 克，蒜末 10 克。

调料： 盐 1 小匙，芝麻酱 3 大匙，白糖 1 大匙。

做法： 1. 将山药削去外皮洗净，切成丝，放入沸水锅中汆烫一下，捞出沥干。

2. 火龙果去外皮，放入淡盐水中浸泡，洗净沥干，切成小块；青椒洗净，切成丝。

3. 将白糖、芝麻酱、盐调匀后，与火龙果块、山药丝、青椒丝、蒜末拌匀，放入冰箱冷藏，食用时取出即可。

凉拌魔芋丝

材料：魔芋丝200克，黄瓜丝、金针菇各50克。

调料：白醋、香油、酱油各1大匙。

做法：1.金针菇去蒂洗净，与魔芋丝分别放入开水中氽烫，捞出沥干。

2.黄瓜丝入碗加白醋抓拌，腌渍5分钟，捞出冲净，沥干。

3.将所有处理过的材料放在一起，加香油和酱油拌匀即可。

芥末魔芋丝

材料：魔芋丝200克，金针菇、胡萝卜丝、黄瓜丝各100克，香菜适量。

调料：剁椒、白糖、生抽、醋、芥末各适量，香油少许。

做法：1.魔芋丝用适量清水浸泡；金针菇清洗干净，切掉根部，备用。

2.将金针菇氽烫至变色，捞出，再放入胡萝卜丝，氽烫，沥干。

3.将浸泡好的魔芋丝开水煮3分钟，捞出，沥干。

4.油锅烧热，放入处理过的材料翻炒片刻，盛出，加入黄瓜丝、香菜及调料拌匀即可。

南瓜可以帮助胃消化，保护胃黏膜。另外，南瓜富含锌，有护眼、护心的功效。

化痰排脓
润肺益气

百合蒸南瓜

材料： 南瓜 350 克，百合 2 个，大枣 3 颗。

调料： 白糖适量。

做法： 1. 将南瓜洗净，去皮及瓤，切成厚片装入盘中，撒上适量白糖，备用。

2. 将百合洗净，去除褐色的部分，放到南瓜片上；大枣泡软后也放到南瓜片上。

3. 将南瓜片、百合、大枣放入蒸锅中隔水蒸，先调成大火，待其有香味后再改小火蒸 25 分钟即可出锅。

尖椒炒南瓜

调料： 南瓜 350 克，尖椒 150 克，香菜适量。

调料： 盐 1 小匙，味精少许，料酒适量。

做法： 1. 先将南瓜洗净去皮及瓤，切成薄片，备用；尖椒洗净去蒂及籽，切成片，备用。

2. 油锅烧热后放入南瓜片翻炒，然后加入少许热水，调成中火焖煮片刻，待南瓜片变软后放入尖椒片，加入盐、味精和料酒，大火炒熟出锅，撒上香菜即可。

材料：南瓜条 500 克，水发银耳丝 200 克，香菜适量。

调料：盐、鸡精、醋、香油各适量。

做法：1. 将南瓜条、水发银耳丝放入沸水锅中氽烫，捞入凉水中浸凉，捞出沥干。

2. 将盐、鸡精、醋、香油调匀，放入南瓜条、水发银耳丝、香菜拌匀即可。

香拌南瓜条

材料：南瓜 500 克。

调料：盐、辣椒油、黑芝麻、白芝麻各适量。

做法：1. 将南瓜去皮及瓤，洗净后切成块。

2. 将南瓜块用盐拌匀，放入蒸锅内蒸熟，取出晾凉。

3. 将辣椒油淋在南瓜块上，撒上黑芝麻、白芝麻即可。

香辣南瓜块

材料：南瓜 300 克，大枣 100 克，青椒 50 克。

调料：盐、白糖、白醋各适量。

做法：1. 将南瓜洗净，去皮切成块；大枣洗净；青椒洗净，切成圈。

2. 将南瓜块放入蒸锅内蒸熟，取出晾凉，备用。

3. 将白糖、盐、白醋调匀，浇在南瓜块中，撒上大枣、青椒拌匀即可。

凉拌大枣南瓜

黄瓜

清热解毒
除湿美容

黄瓜含有丰富的维生素E，有助于延年益寿，抗衰老，也可以收敛和淡化皮肤皱纹。

酸辣黄瓜

材料： 黄瓜 250 克，红甜椒、生菜各 50 克，葱丝、蒜末各适量。

调料： 盐、生抽、辣椒油、醋各适量。

做法： 1. 黄瓜洗净，切成片；红甜椒洗净去籽，切成丁。

2. 生菜洗净，铺在盘底。

3. 黄瓜、红甜椒一起装盘，加入盐、生抽、辣椒油、醋、蒜末拌匀，最后撒上葱丝即可。

川辣黄瓜

材料： 黄瓜 500 克，干辣椒、蒜碎各少许。

调料： 白糖、醋、香油各 1 大匙，花椒少许，盐、清汤各适量。

做法： 1. 黄瓜洗净去籽，切成条；干辣椒洗净。

2. 碗内放盐、白糖、醋、蒜碎，加少量清汤，兑成汁。

3. 油锅烧热，放入花椒、干辣椒爆香，然后放入黄瓜条炒匀，调入香油，装盘浇汁即可。

材料：黄瓜3根，蒜2片，辣椒适量，白芝麻少许。

调料：辣豆腐乳2块，酱油1小匙，香油2大匙，盐、白胡椒粉适量。

做法：1. 黄瓜洗净去籽，切成菱形片，用盐腌制黄瓜20分钟，并沥干水分备用。

2. 另将辣豆腐乳和其余的调料完全混合拌匀。

3. 将做法1、做法2和其余的材料拌匀，腌渍约1小时即可。

 腐乳腌黄瓜

材料：叉烧肉150克，黄瓜2根，蒜碎适量。

调料：味精、酱油、香油各适量。

做法：1. 将黄瓜洗净，用刀切成菱形块；叉烧肉切成片。两者一同放入大碗中。

2. 将蒜碎、味精、酱油、香油调匀，倒入大碗中拌匀即可。

叉烧肉拌黄瓜

材料：黄瓜2根，姜丝、小米椒圈各适量。

调料：白糖2大匙，白醋1小匙，盐适量。

做法：1. 黄瓜用盐揉搓后，立即用水冲洗，并于黄瓜表面划出数道刀痕，再切成约2厘米的小段。

2. 将姜丝、小米椒圈和所有调料放入做法1的黄瓜段中浸泡至入味即可。

醋拌黄瓜

莴笋

莴笋味道清新且略带苦味，其钾含量高于钠含量，有利于体内的水电解质保持平衡，促进排尿和乳汁的分泌。

葱油莴笋

材料： 莴笋400克，葱适量。

调料： 盐、香油、花椒适量。

做法： 1.莴笋去皮洗净，切成长条；葱洗净，切成葱花。

2.水烧开，放入莴笋条氽烫，捞出置于盘中控干。

3.油锅烧热，放入葱花、花椒炒香，加入盐、香油调成味汁，浇在莴笋条上即可。

＊小贴士　莴笋与乳酪同食，容易导致消化不良，引起腹痛、腹泻。因此，食用莴笋时应避免食用乳酪。

泡椒炒莴笋

材料： 莴笋300克，泡椒适量。

调料： 盐、味精、料酒各适量。

做法： 1.莴笋去皮洗净，切成片；泡椒切成段。

2.油锅烧热，放入莴笋稍炒，加入泡椒同炒至熟，放入盐、味精、料酒炒匀即可。

材料：山药 300 克，莴笋 200 克，胡萝卜 50 克。

调料：白醋 1 小匙，盐适量，鸡精少许。

做法：1.山药、莴笋、胡萝卜分别洗净去皮，切成大小相同的菱形片。

2.大火烧开锅中的水，加入白醋，将山药片放入锅中氽烫 1 分钟，捞出。

3.油锅烧至七成热，放入莴笋片和胡萝卜片滑炒均匀，随后放入山药片，继续翻炒 2 分钟，加入鸡精和盐调味即可。

山药炒莴笋

材料：莴笋 450 克，豆腐皮 250 克，红椒丝、香菜各适量。

调料：白糖、盐各 1 小匙，醋、鸡精、蒜蓉辣酱各适量。

做法：1.将莴笋去皮后洗净，切成细丝，放入沸水中氽烫断生后捞出，过凉水沥干备用。

2.豆腐皮放入沸水中略氽烫，沥干。

3.将豆腐皮平铺在案板上，再将一部分莴笋丝放在上面，然后将豆腐皮卷起来后切成小段，放于盘中，点缀上香菜，用于蘸蒜蓉辣酱吃。

4.将剩余的莴笋丝放在碗中，调入白糖、盐、鸡精、醋和红椒丝搅拌均匀，腌渍入味后即可同豆腐卷一起食用。

莴笋两吃

莲藕

莲藕含有淀粉、蛋白质等成分，生食能凉血散瘀，熟食能补心益肾，清热祛痘，滋润皮肤。

麻辣藕丁

材料：莲藕500克，干辣椒、葱末、姜末各少许。

调料：花椒1大匙，味精、盐各适量。

做法：1. 莲藕去皮洗净，切成小丁；葱洗净切成小段；干辣椒切成段。

2. 油锅烧热，放入干辣椒和花椒爆香。

3. 再加入莲藕丁、葱末、姜末炒匀，放入盐和味精即可。

香辣藕条

材料：莲藕500克。

调料：水淀粉1大匙，老抽、盐适量，味精、干辣椒各少许。

做法：1. 莲藕去皮，洗净，切成小条，放入沸水中氽烫，捞出，裹上水淀粉；干辣椒洗净切成小段。

2. 油锅烧热，放入干辣椒炒香，捞起备用。

3. 放入莲藕炸香，加入盐、老抽翻炒，再加入味精调味后，起锅装盘，撒上干辣椒即可。

材料：莲藕350克，葱适量，蒜少许。

调料：辣椒油2大匙，醋、生抽、白糖各适量，香油、花椒油、味精各少许。

做法：1.将莲藕洗净，去皮，切成片后放入凉水中浸泡；葱、蒜切成末备用。

2.锅置火上，锅内加入适量的水煮沸，放入莲藕片余烫至断生后捞出沥干，装盘备用。

3.将切好的蒜末、葱末和所有调料混合调成味汁，淋在莲藕片上，搅拌均匀即可。

红油藕片

材料：莲藕350克，冰糖100克，糯米50克，干桂花、香菜各少许。

做法：1.先将糯米洗净，沥干备用；在接近藕节的地方切下一小块留作盖子，备用。

2.将藕孔冲洗干净，将糯米塞入莲藕孔中（可边塞边敲打藕，使糯米塞实），再将之前切下的藕盖放回原处，用牙签固定。

3.锅置火上，将装入糯米的莲藕放入锅中，加水没过莲藕，大火煮沸后改小火煮25分钟，再加入冰糖、干桂花煮2小时。

4.将煮好的莲藕捞出沥干，晾凉，切成片装盘，用香菜点缀即可。

冰糖桂花糯米藕

竹笋

开胃健脾
利膈消痰

竹笋味甘微寒，具有清热消痰、利膈爽胃、消渴益气等功效。

酸辣脆笋

材料： 竹笋300克，红甜椒、泡椒、葱各适量。

调料： 盐、味精、白醋、香油各适量。

做法： 1.竹笋洗净，氽烫后捞出，切成条；红甜椒洗净，切成丝，氽烫；泡椒切成段；葱洗净，切成段。

2.竹笋条、红甜椒丝、泡椒段、葱段同拌，加入盐、味精、白醋拌匀，淋入香油即可。

沙拉笋

材料： 罗汉笋600克，鸡蛋1个，红辣椒片适量。

调料： 白醋1小匙，白糖半小匙，盐少许，沙拉酱、淘米水各适量。

做法： 1.罗汉笋洗净，连皮一起放入淘米水中，放入红辣椒片煮至水开，熄火。捞出罗汉笋和红辣椒片，用凉水冷却，再放入冰箱冷藏1小时，取出剥壳，切成段。

2.鸡蛋打入碗中，加入白醋、白糖，边打边加入盐，再将适量沙拉酱缓缓倒入，边倒边打匀，打至浓稠。最后，将沙拉酱倒在罗汉笋段上拌匀即可。

材料：冬笋 300 克，泡菜雪里蕻 200 克。

调料：盐、白糖、鸡精、花椒各适量。

做法：1. 冬笋剥壳，切成细条，放入沸水中氽烫至熟；将泡菜雪里蕻放入清水中浸泡 60 分钟，捞出切碎，备用。

2. 油锅烧热，放入花椒炝出香味，加入泡菜雪里蕻碎，调至小火炒出香味，再加入已经氽烫好的冬笋条翻炒，加入盐、白糖，翻炒数下，最后加入鸡精，炒匀即可。

冬日小菜

材料：脆笋条 300 克，蒜末适量。

调料：辣椒油 2 大匙，香油、白糖各 1 小匙，盐适量。

做法：1. 所有的调料混合拌匀，即为红油酱，备用。

2. 脆笋条洗净、泡水 1 小时，备用。

3. 将做法 2 的脆笋条放入沸水中，氽烫 5~8 分钟，捞出沥干，备用。

4. 取一个大碗，倒入做法 3 的脆笋条、蒜末与做法 1 的红油酱，混合搅拌均匀即可。

红油脆笋

芦笋

芦笋有鲜美芳香的风味，并且吃起来香脆可口，能增进食欲，帮助消化。

白果炒芦笋

材料： 芦笋 200 克，蟹味菇、白果各 50 克，姜丝、辣椒丝各适量。

调料： 盐 1/4 小匙，白糖、香菇粉、白胡椒粉各少许。

做法： 1. 将白果放入沸水中，氽烫一下捞出，沥干，备用。

2. 芦笋去皮，洗净，切成段；蟹味菇洗净，备用。

3. 油锅烧热，加入姜丝、辣椒丝爆香后，再放入处理好的芦笋段、蟹味菇翻炒一下。

4. 最后，放入做法 1 中的白果和所有调料，翻炒入味即可。

XO 酱拌芦笋

材料： 青芦笋 300 克，蒜末少许，辣椒末适量。

调料： XO 酱 2 大匙，蚝油 1 大匙。

做法： 1. 所有的调料与蒜末、辣椒末一起混合拌匀，制成 XO 辣酱，备用。

2. 青芦笋洗净，备用。

3. 将青芦笋放入沸水中，氽烫至颜色呈鲜绿色，再捞出放入冷水中泡凉，备用。

4. 沥干青芦笋，切成段，淋上 XO 辣酱拌匀即可。

材料：芦笋 400 克，玉米粒、鲜百合各 100 克。

调料：香油、鸡精、盐各适量。

做法：1. 芦笋去皮洗净，切成段；玉米粒洗净；鲜百合洗净，去黑边，放入清水中浸泡。

2. 锅内加适量水烧沸，放入芦笋段、玉米粒、鲜百合汆烫片刻，捞出沥干。

3. 将所有材料装入盘中，加入盐、鸡精、香油拌匀即可。

芦笋玉米百合

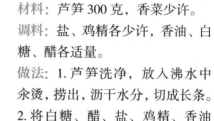

材料：芦笋 300 克，香菜少许。

调料：盐、鸡精各少许，香油、白糖、醋各适量。

做法：1. 芦笋洗净，放入沸水中汆烫，捞出，沥干水分，切成长条。

2. 将白糖、醋、盐、鸡精、香油调匀成味汁，备用。

3. 将调好的味汁倒在芦笋条上，拌匀后装盘，用香菜点缀即可。

糖醋芦笋

材料：培根 200 克，青芦笋 150 克，香菜少许。

调料：甜面酱适量。

做法：1. 将青芦笋洗净，去掉根部后切成段；培根略洗后切成片。

2. 取一片培根，再放入适量芦笋段用手卷起，固定好。依次分别将其制成培根芦笋卷。

3. 将烤箱预热至 180℃，将培根芦笋卷放入烤箱中烤 15 分钟，取出，放香菜，依个人口味蘸酱食用。

烤培根芦笋卷

番茄

材料： 菜花 500 克，番茄 200 克。

调料： 番茄酱、白糖、盐各适量。

做法： 1. 将菜花、番茄分别清洗干净，切成块，备用。

2. 将菜花块放入沸水中氽烫，捞出，沥干水分，备用。

3. 油锅烧热，放入番茄块翻炒，放入番茄酱和白糖，将番茄块炒成酱状后再倒入菜花块，加入盐调味，翻炒入味即可。

番茄炒菜花

材料： 小番茄 300 克，柠檬皮丝少许，话梅 5 颗。

调料： 甘草 3 片，砂糖 1 小匙，盐少许，梅粉 1 小匙。

做法： 1. 小番茄去蒂，放入沸水中氽烫，捞起后去除外皮，备用。

2. 取一个容器，加入所有调料和话梅，用打蛋器拌匀至话梅味道释放成为酱汁，备用。

3. 将做法 1 的小番茄放入做法 2 的酱汁中，拌匀后浸泡约 1 小时，取出盛盘，用柠檬皮丝装饰即可。

梅香小番茄

材料：洋葱2个，红尖椒、绿尖椒各2个，番茄1个。

调料：生抽2小匙，陈醋1小匙，盐适量。

做法：1.番茄洗净，在顶端划一个十字刀口。

2.大火烧开锅中的水，关火后将番茄放入水中浸泡2分钟后捞出去皮，纵向剖成两半，切成片。

3.红尖椒、绿尖椒洗净，去掉籽，切丝；洋葱洗净，剥去表皮，纵向剖成两半，切成约0.5厘米粗的丝，放入凉开水中浸泡10分钟。

4.番茄片、红尖椒丝、绿尖椒丝、洋葱丝放入大碗中，加入生抽、陈醋、盐翻拌均匀后装入盘中即可。

皮辣红

材料：番茄300克，青椒1个，鸡蛋2个。

调料：白糖、盐各适量。

做法：1.番茄洗净切成丁；青椒纵切成两半，一半做盅，另一半切丁；鸡蛋打散，备用。

2.油锅烧热，倒入打散的鸡蛋，用筷子快速划散，待鸡蛋凝固成块状，即可盛出，不要炒得时间过久。

3.锅留底油，倒入番茄丁，加入白糖、盐，翻炒片刻，然后加入青椒丁和炒好的鸡蛋。

4.翻炒片刻即可出锅，倒入青椒做的盅里面即可。

番茄鸡蛋青椒盅

芹菜

芹菜烧豆渣

材料： 黄豆、芹菜各 250 克。

调料： 盐、鸡精各适量。

做法： 1.将泡发好的黄豆放入豆浆机中，打完豆浆后过滤出豆渣备用；芹菜去掉老叶，洗净，切成丝。

2.油锅烧热，放入芹菜丝，翻炒至软后再放入豆渣，翻炒均匀后，转小火烧至没有汤汁时，调入盐和鸡精，炒匀即可。

芹菜拌豆丝

材料： 豆腐皮丝 300 克，芹菜 100 克，红椒 1 个，香菜少许。

调料： 香油、酱油各 1 大匙，白糖、白醋各 1 小匙，盐 1/2 小匙。

做法： 1.将豆腐皮丝洗净，放入沸水中氽烫片刻，捞出沥干；将芹菜择洗干净，切成段，放入沸水中氽烫至断生，放入凉开水中浸凉；红椒去蒂洗净，切成丝。

2.将芹菜段、豆腐皮丝、红椒丝放入盘中，加入除香油外的所有调料，搅拌均匀后放入冰箱冷藏 2 小时，食用时淋上香油，撒上香菜即可。

材料：芹菜80克，黑木耳40克，百合35克，葱末、姜片各适量。

调料：盐、鸡精各适量。

做法：1.芹菜洗净，切片；百合洗净，掰成片；黑木耳用清水浸泡至发后，去蒂洗净，撕成小朵，备用。

2.锅置火上，加入适量油，烧热后爆香葱末、姜片。

3.放入芹菜片翻炒至熟，然后放入百合片、黑木耳，炒至软后，调入盐、鸡精，翻炒均匀即可。

芹菜炒黑木耳

材料：芹菜、胡萝卜各200克。

调料：盐、生抽各适量。

做法：1.芹菜择洗干净，切成丁；胡萝卜洗净，去皮，切碎，备用。

2.油锅烧热后放入胡萝卜碎翻炒出香。

3.然后加盐、生抽翻炒均匀，最后倒入芹菜丁，翻炒至入味即可。

芹菜胡萝卜碎

材料：芹菜叶100克，猪五花肉丝80克，鸡蛋（打散）1个，葱末、姜末各适量。

调料：高汤1000毫升，盐、味精、香油、水淀粉、料酒各适量。

做法：1.芹菜叶入沸水汆烫，捞出。

2.油锅烧热，爆香葱末、姜末，倒入高汤煮沸，入猪五花肉丝煮熟后撇去浮沫。再放入芹菜叶、盐、味精、料酒搅拌均匀，再次煮沸后，加水淀粉勾芡，接着淋入蛋液，滴入香油即可。

芹菜肉蛋汤

西蓝花

补肾填精 健脑壮骨

西蓝花品质柔嫩，纤维少，水分多，风味比菜花更鲜美，被誉为『蔬菜皇冠』。

西蓝花炒胡萝卜

材料： 西蓝花、胡萝卜各150克，蒜片适量。

调料： 盐、素蚝油适量。

做法： 1.西蓝花洗净，切成块；胡萝卜洗净、去皮，切成片，备用。

2.西蓝花块、胡萝卜片分别入沸水中汆烫后捞出，沥干，备用。

3.油锅烧热，烧热后爆香蒜片，然后放入西蓝花块略翻炒。

4.放入胡萝卜片翻炒均匀，加盐和素蚝油炒匀即可。

西蓝花炒百合

材料： 西蓝花300克，百合、胡萝卜、蒜泥各少许。

调料： 盐、白糖、味精各适量。

做法： 1.百合洗净；胡萝卜去皮，洗净切片；西蓝花洗净切成块。

2.锅中加水烧沸，加少许白糖，将西蓝花、胡萝卜、百合分别放入沸水中汆烫，捞出沥干水分。

3.油锅烧热，放入蒜泥爆香，倒入西蓝花块、胡萝卜片、百合快速翻炒至西蓝花八成熟时，加盐、味精炒匀即可。

材料：西蓝花200克，香菇、口蘑、胡萝卜各50克，蒜末适量。

调料：高汤100毫升，白糖、水淀粉各1小匙，生抽、盐、小苏打各适量。

做法：1. 西蓝花掰成小朵，与小苏打一起放入清水中浸泡5分钟，再用清水冲洗后氽烫备用。

2. 胡萝卜表皮涂抹小苏打，用双手揉搓后洗净切片；口蘑洗净；香菇预先泡发备用。

3. 油锅烧热，下蒜末炒香，放入胡萝卜片、西蓝花、高汤，加盐、白糖调味，中火煮沸后改小火。放口蘑、香菇、生抽，大火翻炒均匀，淋上水淀粉勾芡即可。

西蓝花烩双菇

材料：西蓝花300克，蘑菇罐头1罐，鸡蛋（取蛋黄）1个。

调料：酱油1大匙，辣椒粉、芥末酱各1小匙，盐1/2小匙。

做法：1. 将西蓝花洗净，切成块，放入沸水锅中氽烫至熟，捞入凉开水中浸泡至凉，捞入盘中放入冰箱冷藏2个小时；将蛋黄放入小碗中加所有调料调匀。

2. 待食用时在西蓝花中加入罐头蘑菇，淋上辣椒蛋黄酱拌匀即可。

* 小贴士　如果不喜欢蘑菇罐头的味道，可以选择新鲜的蘑菇，如平菇、金针菇、香菇。

蘑菇拌西蓝花

豆芽

清热解毒
利尿除湿

豆芽与豆腐、面酱和面筋一起被称为『中国食品四大发明』，豆芽具有清热解毒的作用。

三色豆芽

材料： 绿豆芽 300 克，红椒丝、水发黑木耳丝各 60 克。

调料： 白糖、白醋各 1 小匙，香油、酱油各半小匙。

做法： 1. 绿豆芽、水发黑木耳丝、红椒丝放入开水中氽烫，捞出沥干，盛盘。

2. 将三种材料放入碗中，加入白糖、白醋拌匀。

3. 食用时加入酱油、香油，拌匀即可。

豆芽拌紫甘蓝

材料： 绿豆芽 150 克，青尖椒 100 克，紫甘蓝 300 克，薄荷叶少许。

调料： 盐 1 小匙，味精 1/2 小匙，香油、醋、白糖各适量。

做法： 1. 绿豆芽择洗干净，沥干水分，备用；紫甘蓝洗净切成丝；青尖椒洗净切成丝，备用。

2. 将紫甘蓝丝、绿豆芽、青尖椒丝分别放入开水中氽烫，然后再捞出过凉。将氽烫好的材料放入碗中，加盐、味精、香油、醋、白糖搅拌均匀。

3. 将拌好的菜盛入盘中，点缀上薄荷叶即可。

材料：黄豆芽300克，冬笋丝100克，熟猪瘦肉丝100克，葱丝、姜丝各适量。

调料：香油、鸡精、花椒、盐各适量。

做法：1.将黄豆芽和冬笋丝入沸水中汆烫熟，捞出后沥干水分。

2.用葱丝、姜丝、花椒分别炸出葱姜油和花椒油备用。

3.将汆烫好的黄豆芽、冬笋丝和熟猪肉丝放入盘中，加香油、花椒油、葱姜油、盐、鸡精拌匀即可。

材料：火腿200克，绿豆芽100克。

调料：冰糖3大匙，盐、味精各少许。

做法：1.火腿加入冰糖放入笼中蒸熟，取出晾凉后改刀成粗丝。

2.绿豆芽去头、尾后洗净，放入盐水中浸泡入味，取出备用。

3.将火腿丝与泡好的绿豆芽放入盆中，加入盐和味精拌匀后装盘。

*小贴士　火腿蒸制时需加冰糖，以免口味过咸；盐水的浓度不宜过大，以免成菜口味偏重。

材料：黄豆芽100克，豆泡200克，红尖椒2个，姜丝、香菜各适量。

调料：盐、酱油、味精各1小匙。

做法：1.黄豆芽去根洗净，放入热水锅中汆烫，捞出沥干；红尖椒洗净，去蒂、籽，切成段，备用。

2.油锅烧热，爆香姜丝，放入黄豆芽和红尖椒段快速炒匀，再将豆泡放入，加清水，大火烧开，调入盐、酱油焖炖收汁，调入味精，出锅前撒上香菜即可。

四季豆

化湿健脾
利水消肿

四季豆美味可
口，老少均可食
用。但是生时有
小毒，烹调时须
熟透再食用。

干煸四季豆

材料：四季豆300克，葱花适量。

调料：酱油1大匙，盐适量，味精、干辣椒、花椒各少许。

做法：1. 四季豆择洗干净，切成段；干辣椒洗净，切成段。

2. 油锅烧热，下干辣椒段炒香，放入四季豆翻炒，再放入花椒、葱花炒匀。

3. 炒至熟后，加入盐、味精、酱油调味，起锅装盘即可。

橄榄四季豆

材料：四季豆300克，猪肉馅200克，橄榄菜适量，蒜片少许。

调料：盐、蚝油各适量。

做法：1. 四季豆洗净，切成1厘米长的小段；橄榄菜泡软，切末，备用。

2. 泡好的橄榄菜末入沸水中略煮，捞出备用；四季豆段下入开水锅中，调入少许盐，煮3分钟后捞出。

3. 油锅烧热，将猪肉馅炒至熟后盛出。

4. 锅留底油，入四季豆段煸炒片刻，再入橄榄菜末、盐、蚝油调味，最后加入炒好的猪肉馅、蒜片翻炒均匀即可。

姜汁豇豆

材料：豇豆 300 克，姜 1 小块，蒜 2 瓣。

调料：盐、红油、生抽各适量。

做法：1. 豇豆去头、尾，洗净，切成长段；姜、蒜去皮，洗净，切成末。

2. 锅内放入水，加入少许盐，烧沸，放入切好的豇豆，氽烫至七成熟，捞出沥水，装入盘中。

3. 油锅烧热，放入蒜末、姜末炒香，调入盐、红油、生抽拌匀，做成调料，与豇豆拌匀即可。

凉拌豇豆

材料：嫩豇豆 500 克，胡萝卜、红椒各 20 克。

调料：姜汁、料酒、味精、盐、花椒油各适量。

做法：1. 将豇豆择去蒂、筋后洗净沥干，切成 3 厘米长的段。

2. 胡萝卜、红椒洗净后均切成丝备用。

3. 锅中盛水，烧开后放入豇豆，氽透后捞出沥干水分，趁热放入姜汁、料酒、味精、盐、花椒油等调料；再将红椒、胡萝卜丝放入其中，拌匀后晾凉即可。

胡萝卜

胡萝卜有『小人参』之称。它不仅能辅助治疗夜盲症和呼吸道疾病，还可以增强人体免疫力。

胡萝卜炒蛋

材料：鸡蛋 2 个，胡萝卜 100 克。

调料：盐少许，香油 1 大匙。

做法：1. 胡萝卜洗净，削皮切末；鸡蛋打散备用。

2. 香油入锅烧热后，放入胡萝卜末炒熟。

3. 加入蛋液，炒至半凝固时转小火炒熟，加盐调味即可。

* 小贴士　胡萝卜含有丰富的维生素 A，与鸡蛋同食，营养丰富。

糖醋胡萝卜

材料：胡萝卜 400 克，薄荷叶少许，熟芝麻适量。

调料：盐、醋、白糖、香油各适量。

做法：1. 胡萝卜洗净，去皮，切成丝，加入适量盐腌渍 10 分钟。

2. 然后将腌渍好的胡萝卜丝用清水冲洗干净，沥干水分，装入盘中。

3. 将醋、香油、白糖倒入盘中搅拌均匀，撒上熟芝麻，点缀上薄荷叶即可。

菌菇和豆制品

药补不如食补，食疗胜于药疗。菌菇与豆制品可谓是世界上食物中最好的『灵丹妙药』。

来一盘寿喜鲜菇，再来点椒盐煎豆腐，远离『亚健康』，让美味与健康相伴左右！

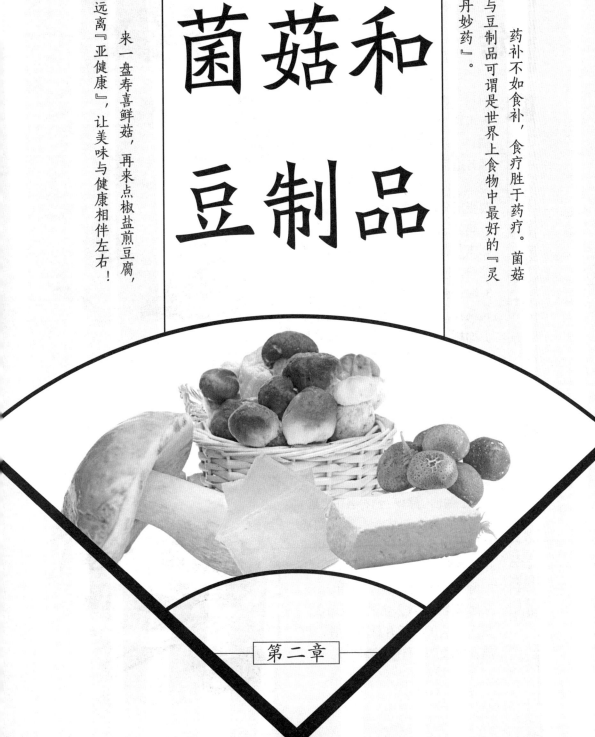

第二章

延缓衰老
增强体质

香菇营养丰富，味道鲜美，香气沁人。素有『山珍之王』之称。

香菇鸡蓉黄瓜卷

材料： 鸡蛋1个，鲜香菇100克，黄瓜片250克，鸡腿3个。

调料： 水淀粉1小匙，盐、色拉油各适量。

做法： 1. 鲜香菇洗净，切成碎末；鸡蛋用分蛋器分出蛋清，备用。

2. 鸡腿去皮剔骨，剁碎后加入香菇末、盐、色拉油、鸡蛋清、水淀粉，搅打成香菇鸡蓉。

3. 取一张黄瓜片，裹入适量的香菇鸡蓉，卷成小卷儿，摆入盘中，上面刷一层色拉油。依次做好所有的香菇鸡蓉黄瓜卷，整齐摆盘后放入蒸屉蒸熟即可。

寿喜鲜菇

材料： 鲜香菇、柳松菇、珍珠菇、杏鲍菇、袖珍菇、蘑菇共400克，番茄1个，洋葱半个，葱适量，奶油少许。

调料： 酱油、醪糟、白糖各1大匙。

做法： 1. 菇类切成片；番茄切成瓣状；洋葱去皮切成丝；葱切成段，备用。

2. 所有调料混合均匀，备用。

3. 油锅烧热，放入奶油烧至融合，放入做法1的所有材料炒香，再放入做法2的调料煮熟即可。

材料：鲜香菇12个，鹌鹑蛋12个，火腿2片。

调料：盐少许。

做法：1. 火腿切成碎末，加盐拌匀。2. 鲜香菇用流动的水轻轻冲净，去掉柄，头朝下摆在刷了薄油的烤盘内。3. 取火腿末分撒在12个香菇上，每只香菇内磕入一个鹌鹑蛋，再撒上剩余的火腿末。烤盘放入烤箱，中火焗10分钟至鹌鹑蛋熟即可。

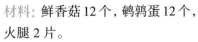

火腿鹌鹑蛋焗香菇

材料：香菇450克，青椒1个。

调料：郫县豆瓣酱、盐各适量。

做法：1. 香菇去蒂洗净，切成条；青椒洗净，切成条，备用。2. 油锅烧热后放入豆瓣酱炒出红油，然后放入香菇条，翻炒至变软，再加入青椒条，翻炒均匀。3. 最后加盐调味即可。

青椒炒香菇

材料：新鲜香菇100克，蒜3瓣，香菜少许。

调料：盐1小匙，醋、黑胡椒粉各适量。

做法：1. 将香菇洗净，切成块；蒜切成末；香菜洗净切成段，备用。2. 锅置火上，倒入适量油（最好是橄榄油），待油热后，加入蒜末爆香，放入香菇块，改大火，翻炒均匀后调入盐、醋、黑胡椒粉，翻炒片刻出锅装盘，撒上香菜段即可。

油醋香菇

杏鲍菇

杏鲍菇因具有杏仁的香味和菌肉肥厚，口感如鲍鱼而得名。集食用、药用价值于一体。

香辣杏鲍菇

材料： 杏鲍菇 400 克，洋葱 40 克，红尖椒、熟白芝麻、香菜各少许。

调料： 盐、水淀粉各适量，酱油 1 大匙。

做法： 1. 杏鲍菇洗净，切成条，蘸上水淀粉；洋葱洗净，切成丝；香菜洗净切成段；红尖椒洗净，切成丝。

2. 油锅烧热，放入杏鲍菇条炸至金黄色，再放入红尖椒丝、洋葱丝同炒片刻。

3. 放入香菜段炒至熟后，加入盐、酱油调味，起锅装盘，撒上熟白芝麻即可。

橄榄菜杏鲍菇

材料： 杏鲍菇 200 克，橄榄菜 30 克，葱、朝天椒各适量。

调料： 生抽 1 小匙，橄榄油适量。

做法： 1. 杏鲍菇切成小条；葱切成葱花；朝天椒切成圈。

2. 杏鲍菇放入微波炉专用容器中，调入橄榄油拌匀，放入微波炉中，微蒸 30 秒左右。

3. 取出容器，放入橄榄菜、生抽和朝天椒圈，拌匀后再放入微波炉中微波 40 秒左右。

4. 取出后撒上葱花即可。

材料：杏鲍菇 150 克，蒜、蒜苗、葱、红辣椒各适量。

调料：蘑菇精、酱油各适量。

做法：1.杏鲍菇去蒂洗净，切成片；蒜切成片；蒜苗洗净，切成段；葱切成段；红辣椒切成小圈。

2.锅置火上，倒入适量清水烧开，将杏鲍菇放入进行氽烫，捞出沥干水分。

3.另起一锅，加入适量油，烧至五成热，放入蒜片、葱段、红辣椒圈炝锅。

4.然后放入杏鲍菇片翻炒，接着放入酱油，再将蒜苗段放入，改大火翻炒均匀，倒入适量清水，调入蘑菇精翻炒片刻，即可。

小炒杏鲍菇

材料：杏鲍菇 300 克，辣椒 100 克，香菜适量。

调料：盐、鸡精各半小匙，海鲜酱油适量。

做法：1.杏鲍菇洗净，切成丝；辣椒洗净，去蒂，切成丝；香菜洗净，切成段。

2.油锅烧热，放入辣椒丝炒出香辣味。

3.倒入杏鲍菇丝大火煸炒，加盐调味，接着调入海鲜酱油。

4.待煸炒至杏鲍菇丝变软，即可放入香菜段翻炒，调入鸡精炒匀即可。

劲爆菇丝

益气补血
益智强体

金针菇含锌量比较高，能够促进儿童的身体和智力发育，人称『增智菇』。

葱油金针菇

材料： 金针菇 300 克，红甜椒适量，黄花菜、芹菜叶各适量，姜、蒜各少许。

调料： 盐、酱油各适量。

做法： 1. 金针菇摘去根部，洗净备用；红甜椒洗净，切成丝；芹菜叶洗净备用；姜、蒜去皮洗净，切成末；黄花菜泡发，洗净备用。

2. 油锅烧热，下姜末、蒜末爆香，放入金针菇、黄花菜、红甜椒丝滑炒片刻，调入盐、酱油翻炒均匀，起锅装碗，撒上芹菜叶即可。

双耳炒金针菇

材料： 水发银耳、水发黑木耳各 100 克，金针菇 80 克，葱、薄荷叶各少许。

调料： 盐、味精各 1 小匙。

做法： 1. 将金针菇洗净，放入沸水中汆烫断生后捞出沥干；葱切成葱花。

2. 水发银耳、水发黑木耳分别去蒂洗净，沥干后撕成小朵，备用。

3. 油锅烧热，放入葱花爆香后再放入银耳、黑木耳，翻炒均匀后加入适量清水，改大火烧沸后转小火，再加入金针菇进行翻炒，调入盐、味精翻炒均匀后装盘，点缀上薄荷叶即可。

材料：面粉 400 克，金针菇 300 克，鸡蛋（取蛋清）1 个。

调料：干淀粉适量。

做法：1. 金针菇洗净，挤干净水分，放入蛋清拌匀，撒上干淀粉拌匀。

2. 将金针菇表面蘸上面粉，抖掉多余的面粉。

3. 油锅烧热，下入处理好的金针菇煎炸，分多次炸，直至金针菇呈金黄色捞出即可。

*小贴士　可根据自己口味蘸酱吃。

油炸金针菇

材料：榨菜 150 克，金针菇 100 克，葱段适量。

调料：白胡椒粉、香油各少许。

做法：1. 榨菜切丝后洗净晾干；金针菇去根，洗净后横向对切成段。

2. 锅置火上，倒入少许油烧热，放入葱段、榨菜丝炒香。

3. 放入金针菇段翻炒均匀，再加入水煮至沸腾，起锅前加入白胡椒粉、香油即可。

榨菜金针菇汤

材料：金针菇 200 克，葱适量。

调料：酱油、辣椒各适量。

做法：1. 金针菇去根，洗净，入沸水中汆烫至熟，捞出，放入盘中；辣椒洗净，切成圈；葱切成段，备用。

2. 将金针菇均匀地淋上酱油。

3. 锅置火上，加入适量油，烧热后放入辣椒圈、葱段炒香，最后淋在金针菇上即可。

白灼金针菇

草菇

消食祛热
补脾益气

草菇性寒、味甘、爽滑，味道极美，故有『兰花菇』『美味包脚菇』之称。

家常草菇

材料：草菇300克，蒜、葱各适量。

调料：盐、料酒、干辣椒各适量。

做法：1.草菇洗净，对切成半；蒜切成片；葱洗净，切成片；干辣椒切成段。

2.锅中加水煮沸，入草菇氽烫，捞出，入凉水中过凉，沥干水分，备用。

3.油锅烧热，入干辣椒段、蒜片、葱片爆香，再放入氽烫好草菇快速翻炒，调入盐，烹入料酒炒匀即可。

草菇木耳

材料：草菇300克，黑木耳50克，葱适量。

调料：料酒、胡椒粉、鸡精、盐、蚝油各适量。

做法：1.草菇洗净，对切成半；黑木耳泡发，撕成小朵；葱洗净，切成段。

2.锅内加水烧沸，分别将草菇块和黑木耳朵入沸水中氽烫2分钟，入凉水中过凉，沥干水分，备用。

3.油锅烧热，入草菇块、黑木耳朵翻炒均匀，调盐炒匀，调入蚝油、料酒、胡椒粉炒匀，放入葱段、鸡精翻炒即可。

祛风散寒
舒筋活络

平菇性温、味甘，具有祛风散寒、舒筋活络的功效，能增强肌体免疫力。

油炸椒盐平菇

材料： 平菇 250 克，鸡蛋 1 个，面粉适量。

调料： 盐、椒盐各适量。

做法： 1.平菇洗净，沥干水分，撕成条，入沸水中汆烫，捞出晾凉。

2.取适量面粉，打入鸡蛋再加入适量水搅匀，再加适量盐搅匀成面糊。

3.将放凉的平菇条挤去水分放入面糊中拌匀。

4.油锅烧热，将挂了面糊的平菇条放入油锅中炸至两面金黄即可出锅。食用时蘸椒盐。

平菇炒肉

材料： 平菇 300 克，猪肉 80 克，葱末、姜末、蒜片各适量。

调料： 干淀粉、水淀粉、胡椒粉、盐、生抽、鸡精、白糖、酱油、料酒各适量。

做法： 1.将平菇洗净，撕成长条，沥干；猪肉洗净切成片。肉片加干淀粉、胡椒粉、少许盐、生抽、料酒调味。

2.油锅烧热，入肉片炒至滑散后沥干油分，捞出。锅中留底油放入葱末、姜末、蒜片炒香。

3.烹入料酒，倒入肉片炒至变色，加入平菇。加盐、生抽、鸡精、白糖、酱油调味。用水淀粉勾芡，出锅装盘即可。

黑木耳

硬化的作用。

血栓、动脉粥样

防缺铁性贫血、

冠』，有辅助预

被誉为『菌中之

黑木耳营养丰富，

老醋黑木耳

材料： 黑木耳3朵，熟白芝麻5克，蒜2瓣。

调料： 老醋1大匙，凉拌酱油1小匙，绵白糖1小匙，盐、鸡精少许。

做法： 1.黑木耳用冷水泡发，去掉根部老硬部分，清洗干净，撕成小朵。放入沸水中汆烫1分钟，捞出沥干水分。

2.蒜瓣拍碎，切成细末。

3.黑木耳装盘，调入蒜末、老醋、凉拌酱油、绵白糖、盐、鸡精拌匀，撒上熟白芝麻即可。

剁椒黑木耳

材料： 黑木耳250克，香菜、蒜末、葱段各适量。

调料： 盐、香油、剁椒、生抽各适量。

做法： 1.黑木耳洗净泡发、去蒂、切碎，装入蒸笼中；香菜洗净，切段。

2.油锅置火上，烧至油六成热，下入剁椒、蒜末爆香，浇在黑木耳上，上笼蒸熟。

3.盐、香油、香菜、生抽、葱段拌匀，浇在黑木耳上即可。

材料：干黑木耳 200 克，白菜叶适量，姜少许。

调料：醋、白糖、酱油各少许。

做法：1. 用温水浸泡干黑木耳大约 3 小时，泡发后用清水洗净，捞出沥干，撕成朵，备用；白菜叶洗净切成片；姜切成片，备用。

2. 锅置火上，倒入适量油，放入姜片炒至微焦黄后放入白菜叶片翻炒几下，加入黑木耳朵继续翻炒均匀。

3. 调入少许酱油、醋、白糖，上色后改中火，焖烧片刻即可出锅装盘。

红烧黑木耳

材料：豆芽 100 克、水发黑木耳、猪瘦肉各 100 克，水发腐竹丝 50 克，姜末 5 克。

调料：生抽、水淀粉各 1 大匙，盐适量。

做法：1. 将水发黑木耳择洗干净，切成细丝；豆芽择洗干净，放进沸水锅中氽烫一下捞出；猪瘦肉洗净切成丝，用生抽和水淀粉抓匀。

2. 锅内加油烧热，放入姜末爆香，倒入猪瘦肉丝炒散，再放入豆芽和水发黑木耳丝煸炒。

3. 加少量清水，放入盐和腐竹丝。小火慢烧 3 分钟，加入水淀粉勾芡，出锅装盘，根据喜好稍作点缀即可。

黑木耳豆芽炒肉丝

腐竹

腐竹食之清香爽口，而且其谷氨酸含量很高，具有良好的健脑作用。

香辣腐竹

材料：腐竹 300 克，蒜少许。

调料：盐适量，红油、辣椒酱、酱油各适量。

做法：1.腐竹泡发洗净，切成段；蒜去皮洗净，切成末。

2.油锅烧热，下蒜末炒香后，放入腐竹段滑炒片刻，调入盐、辣椒酱、红油、酱油翻炒均匀，待腐竹炒熟，起锅装盘即可。

*小贴士　腐竹用温水泡发，口感更佳。

腐竹烧鲜蘑

材料：腐竹段 200 克，鲜蘑菇片、胡萝卜片各 50 克，青甜椒片、红甜椒片、姜片各适量。

调料：盐、白糖、酱油、素高汤各适量，味精少许。

做法：1.将鲜蘑菇片放入沸水中汆烫，捞出，备用。

2.油锅烧热，爆香姜片，下腐竹段、鲜蘑菇片、胡萝卜片、青甜椒片、红甜椒片翻炒均匀，然后加入素高汤、盐、白糖和酱油，搅拌均匀，烧至汁浓时调入少许味精即可起锅装盘。

材料：腐竹350克，青尖椒100克。

调料：盐适量，花椒少许。

做法：1.将青尖椒去蒂洗净，切成块，备用；腐竹用温水泡发，斜切成条。

2.油锅烧热，放入花椒爆香后将花椒挑出，再放入青尖椒块、腐竹条翻炒均匀，然后调入盐和适量的清水翻炒至腐竹熟透即可。

* 小贴士　腐竹内含有丰富的蛋白质、纤维素、钙等营养元素，是一种优质豆制品，适合中午食用，为身体补充能量。

青椒炒腐竹

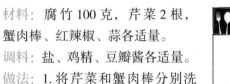

材料：腐竹100克，芹菜2根，蟹肉棒、红辣椒、蒜各适量。

调料：盐、鸡精、豆瓣酱各适量。

做法：1.将芹菜和蟹肉棒分别洗净，切成细段；腐竹温水泡发，切成段；红辣椒洗净，切成条；蒜去皮，切成末，备用。

2.锅置火上，加入适量清水，煮沸，放入芹菜段汆烫至出香味，捞出，沥干。

3.油锅烧热，爆香蒜末后，放入芹菜段略翻炒，再放入腐竹段翻炒，接着放入蟹肉棒段、辣椒条和豆瓣酱翻炒，最后放少量盐和鸡精调味即可。

腐竹炒芹菜

益气宽中
清热解毒

者宜食。

虚，生津润燥的
功效。营养不良

脂，名曰豆腐。
豆腐有益气补

汉朝淮南王刘
安始磨豆为乳

黄金玉米煮豆腐

材料: 猪肉末、胡萝卜各50克，嫩豆腐1盒，玉米粒200克，葱1根。

调料: 盐、白胡椒粉、鸡精各少许。

做法: 1.将嫩豆腐切成小块；玉米粒洗净，备用。

2.把葱、胡萝卜洗净切成小丁，备用。

3.油锅烧热，放入猪肉末、玉米粒与做法2的材料，以中火爆香。

4.加入做法1的豆腐丁，再加入所有的调料，以中火煮约10分钟至入味即可。

农家煎豆腐

材料: 豆腐350克，蒜苗100克。

调料: 酱油、盐、鸡精各少许，水淀粉、香油各适量。

做法: 1.豆腐洗净，切成块；蒜苗洗净，切成段。锅内倒油烧至八成热，下入豆腐块两面煎至表面呈金黄色，捞出沥油。

2.锅底留油，放入蒜苗段炒香，再加入煎过的豆腐块同炒，调入盐、鸡精、酱油调味，用水淀粉勾芡，淋上香油，出锅装盘。

材料：豆腐（北）400 克，面粉 100 克，虾皮 15 克，鸡蛋液适量，葱花、姜末各适量。

调料：高汤 1 碗，盐、味精、料酒各适量。

做法：1. 将豆腐洗净，切成片，加盐、味精腌渍 10 分钟，然后再放入面粉中两面蘸裹均匀，再裹上一层鸡蛋液，备用。

2. 锅置火上，加入适量的植物油烧至五成热时，将豆腐片放入，炸至金黄色时捞出，沥油，备用。

3. 另起锅，放入适量油，烧至七成热时，放入姜末、葱花爆香，加入高汤、料酒、豆腐片、虾皮，大火煮开后，转小火收汁即可。

锅塌豆腐

材料：板豆腐 2 块，咖喱块 2 块，胡萝卜丁 30 克，洋葱 1 个，蒜末适量，高汤、椰奶各适量。

调料：盐、白糖、水淀粉各适量。

做法：1. 板豆腐洗净切成四方块，放入油锅中炸至呈金黄色捞起沥油；洋葱切成丁，备用。

2. 锅中留少许油，放入洋葱丁，用小火炒至变软，再加入蒜末炒匀。

3. 接着加入高汤、盐、白糖、板豆腐块及胡萝卜丁，以小火煮约 3 分钟，再放入咖喱块以小火煮溶，起锅前用水淀粉勾芡，加入椰奶拌匀即可。

* 小贴士　煮咖喱块时，要以小火慢慢煮溶，才不容易煮糊。另外，加入椰奶可增加料理香气。

咖喱豆腐

酸菜老豆腐

材料： 老豆腐400克，酸菜50克，青辣椒、小米椒各适量。

调料： 盐、味精少许，酱油1大匙。

做法： 1. 老豆腐洗净，切成长条；酸菜洗净，切碎；青辣椒、小米椒洗净，切成圈。

2. 油锅烧热，放入老豆腐条煎至金黄，再放入酸菜碎、青辣椒圈、小米椒圈炒匀。

3. 炒至熟后，加少许水焖炖收汁，加入盐、味精、酱油，起锅装盘即可。

＊小贴士 将豆腐放在碗中，上覆以蒸盘，再放到水龙头下轻轻冲洗，即可保持豆腐在完整不碎的情况下被洗净。

什锦豆腐

调料： 豆腐300克，黄瓜1根，胡萝卜1根，松花蛋1个，熟花生碎适量，熟白芝麻适量，香菜适量。

调料： 海鲜酱1大匙，生抽2小匙，香油1小匙，白糖1小匙。

做法： 1. 豆腐切成块，放入沸水中汆烫片刻后捞出。

2. 黄瓜洗净，切成丝；胡萝卜去皮，切成丝；松花蛋去壳，切成小块。

3. 将海鲜酱放入碗中，放入生抽、白糖、水调成味汁。

4. 把胡萝卜丝、黄瓜丝、豆腐块、松花蛋块、花生碎混合，淋上做法3中调好的味汁和香油，撒上熟白芝麻和香菜即可。

材料：豆腐350克，鸡蛋1个，薄荷叶少许。

调料：盐1小匙，黑胡椒粉少许。

做法：1.将豆腐切大片；鸡蛋打散，调成蛋液，备用。

2.将豆腐片均匀地蘸裹上鸡蛋液。

3.锅置火上，倒入适量油，中小火将蘸裹鸡蛋液的豆腐片放入锅中炸至两面金黄，捞出，沥油，撒上盐、黑胡椒粉，点缀上薄荷叶即可。

＊小贴士 豆腐放的时间长了之后很容易变黏，影响口感。若先把豆腐放在盐水中煮开，放凉后之后连水一起放在保鲜盒里，再放进冰箱，则可以存放一个星期不变质。

椒盐煎豆腐

材料：豆腐（南）300克，五花肉50克，橄榄菜2汤匙，芥蓝心50克，香葱1棵，姜10克。

调料：豆豉15克，白砂糖5克，生抽、黄酒各15毫升。

做法：1.将五花肉洗净，切成薄片；芥蓝心洗净；香葱洗净，切成葱花；姜切末；豆腐切去表皮，切成大片。

2.芥蓝放入沸水中氽烫2分钟，码入盘中，把豆腐片铺在上面。

3.油锅烧热，放入豆豉、姜末、五花肉片和一半分量的葱花煸炒，再加入剩余调料和橄榄菜翻炒均匀，出锅淋在豆腐上。

4.将盘子放入蒸锅蒸15分钟，出锅后撒上葱花即可。

榄菜豆豉蒸豆腐

豆干

豆干外皮柔韧，内里嫩滑。烹调豆干的方法主要有煎、焗、炸等几种。

豆豉辣椒炒香干

材料： 香干 300 克，青椒、红甜椒各 50 克。

调料： 盐、鸡精少许，豆豉适量。

做法： 1.香干洗净，切小块；青椒、红甜椒分别去蒂、洗净，切成块。

2.油锅烧热，放入豆豉、青椒块、红甜椒块炒香，加入香干同炒。

3.调入盐和鸡精调味，起锅装盘。

* 小贴士　加入芹菜，会让此菜更美味。

五香小豆干

材料： 小豆干 900 克。

调料： 酱油、砂糖各 1 小匙，盐适量，醪糟 1 大匙，干辣椒 3 个，桂皮少许，香叶 3 片，大料 2 粒，胡椒粒适量。

做法： 1.小豆干放入沸水中氽烫约 2 分钟，捞起沥干备用。

2.油锅烧热，放入除小豆干外的材料和调料，炒匀。

3.在锅中加入氽烫好的小豆干，小火慢慢卤至汤汁收干。

* 小贴士　氽烫小豆干的主要目的是去除豆腥味。

材料: 豆干300克, 香椿芽100克。

调料: 盐、酱油各少许, 味精、香油、醋各适量。

做法: 1. 香椿芽洗净, 放入沸水氽烫至熟, 捞出沥干, 晾凉后切碎; 豆干洗净, 切成丁, 备用。

2. 将香椿芽碎和豆干丁混合在一起, 调入所有调料, 拌匀即可。

＊小贴士　购买香椿时应遵循"少量购买、及时食用"的原则, 不宜大量购买。此外, 当天剩下的豆干等豆制品, 应用保鲜袋扎紧后放置冰箱内保存。但应尽快食用, 如闻到袋内有异味或豆干制品表面发黏, 请勿食用。

嫩芽香豆干

材料: 豆干350克, 香菜适量。

调料: 五香茶叶蛋调料包1个, 卤水汁适量。

做法: 1. 将豆干洗净切片; 锅置火上, 倒入少许油, 将豆干炸至两面金黄后捞出, 沥干油分, 备用。

2. 另置一锅, 放入卤水汁, 按照1:2的比例倒入两倍的清水, 并放入五香茶蛋调料包, 煮沸后加入煎好的豆干, 改中小火煮半小时捞出装盘, 撒上香菜即可。

＊小贴士　在购买豆干时应选择具有冷藏保鲜设备的副食商场、超市。应该选择有防污染包装, 例如真空保鲜包装的豆制品。

茶香豆干

豆皮

芝麻豆皮

材料：豆皮400克，熟芝麻、葱少许。

调料：盐、味精各少许，醋、老抽各1小匙。

做法：1.豆皮洗净，切成正方形片；葱洗净，切成葱花；豆皮用沸水氽烫。

2.葱花和调料调成汁，浇在豆皮上，撒上熟芝麻即可。

*小贴士　豆皮含有丰富的蛋白质等营养元素，儿童常食，可提高免疫力，促进身体和智力发育。

清香豆皮卷

材料：豆皮300克，生菜100克，黄瓜、胡萝卜各50克。

调料：花生酱适量。

做法：1.豆皮洗净，切成小片，入沸水中氽烫1分钟，捞出沥干，备用。

2.黄瓜、胡萝卜分别洗净，切成丝；生菜洗净，撕成小块，备用。

3.取豆皮铺上生菜块、黄瓜丝、胡萝卜丝卷起。花生酱加水调匀，蘸食即可。

美味蛋禽

禽和蛋是餐桌上不可或缺的美味佳肴，其营养丰富，原汁原味，原料易取，易学易做。

亲手烹制色香味俱佳的禽蛋佳肴，不仅是一场味觉与视觉的双重享受，更是一种对生活的态度。

第三章

鸡肉

益气养血 温中补脾

鸡肉味甘,肉质细嫩,滋味鲜美,性微温,能补肾益精,有滋补养身的作用。

香油鸡

材料:三黄鸡1只,姜片适量。

调料:醪糟2小匙,冰糖1小匙,盐适量。

做法:1.三黄鸡洗净,斩成大块。

2.将三黄鸡块放入冷水锅中,大火煮至沸腾,捞出鸡块洗净。

3.油锅烧至四成热,放入姜片爆香,放入鸡块,煸炒至边缘微焦,加入冰糖和醪糟继续翻炒片刻,注入热水,大火烧沸后连汤带鸡块一同倒入砂锅中,调成小火加盖焖煮40分钟,调入盐后继续焖煮20分钟即可。

红酒栗仁烩鸡

材料:鸡肉800克,洋葱块、西芹块、胡萝卜块各适量,栗子仁100克,蒜2瓣,姜2片。

调料:番茄酱2大匙,香叶2片,红葡萄酒200毫升,盐少许。

做法:1.鸡肉剁块;蒜拍碎;鸡肉块放入冷水中,大火煮至沸腾,捞出沥水。

2.油锅烧热,放入洋葱块、蒜和姜片爆香,放入番茄酱翻炒片刻,随后放入剩余材料,再倒入红葡萄酒炒匀。

3.在锅中加入盐、适量水和香叶,大火烧沸后,盖上盖子转小火煲煮30分钟即可。

材料：三黄鸡1只，红甜椒20克，黄瓜100克，香菜少许，白芝麻1小匙。

调料：蚝油1小匙，生抽、蜂蜜各1大匙，醪糟2大匙，芥末油少许。

做法：1.黄瓜切成细丝；红甜椒切成细丝；香菜切成长段；三黄鸡斩成块。

2.将三黄鸡块放入葱姜水中煮熟，备用。

3.生抽、醪糟、蚝油、蜂蜜、芥末油和凉开水调和均匀，制成调味汁。

4.把三黄鸡块、黄瓜丝、红甜椒丝和香菜段放入盘中，淋入调味汁，再撒入白芝麻即可。

捞汁滑嫩鸡

材料：笋衣50克，三黄鸡1只，香葱2根，姜1块。

调料：大料2粒，桂皮适量，料酒2大匙，老抽、白糖各1小匙，盐适量。

做法：1.笋衣用淘米水浸泡一夜至回软，换清水清洗干净后备用；香葱洗净打结备用；姜拍碎备用。

2.三黄鸡斩大块入沸水锅中煮至变色，捞出沥干。

3.油锅烧热，煸香大料、桂皮，下鸡块翻炒至表皮收缩，烹入料酒、老抽，调入白糖、盐，加足量热水并加入香葱结、姜块，调成小火加盖焖煮20分钟。

4.锅中放入笋衣，继续焖20分钟，最后大火收浓汤汁即可。

笋衣焖鸡

红油口水鸡

材料：鸡肉400克，葱花、蒜末、熟芝麻各少许。

调料：红油、生抽各1小匙，盐少许。

做法：1. 鸡肉洗净斩成块后装盘放入蒸锅蒸10分钟，取出晾凉。

2. 盐、生抽、红油、蒜末调成味汁，浇在鸡肉上，撒上葱花、熟芝麻即可。

* 小贴士　鸡切块之前，将其风干一下，味道更好。

红油芝麻鸡

材料：鸡肉500克，芹菜叶、白芝麻、红辣椒圈各少许。

调料：盐、辣椒酱、红油、料酒各适量。

做法：1. 鸡肉洗净后斩成块，用盐腌渍片刻；芹菜叶洗净备用。

2. 锅内注入冷水，放入鸡块，加料酒，大火煮沸，转小火焖熟，装盘。

3. 油锅烧热，剩余调料及白芝麻入锅做成味汁，浇在鸡肉上，用芹菜叶、白芝麻、红辣椒圈点缀即可。

芋头烧鸡

材料：鸡肉400克，芋头250克，红辣椒适量。

调料：盐、鸡精、酱油、料酒、红油各适量。

做法：1. 鸡肉洗净，切块；芋头去皮洗净。

2. 油锅烧热，放入鸡块略炒，再放入芋头、红辣椒炒匀，加盐、鸡精、酱油、料酒、红油调味，倒入适量清水，焖烧至熟，起锅装盘即可。

材料：乌鸡 1 只，板栗 200 克，冬菇 50 克，大枣 30 克，姜少许，香菜适量，葱少许。

调料：盐适量，料酒 2 小匙。

做法：1. 乌鸡斩成块，加入料酒和适量冷水，大火煮开，水沸后撇去浮沫，捞出乌鸡，用清水洗净。

2. 冬菇洗净去蒂；姜去皮切成片；葱切成段；香菜切碎；大枣洗净；板栗去壳。

3. 煲中添足水，放入乌鸡、板栗、冬菇、姜片和剩下的料酒，盖上锅盖，开大火炖煮至乌鸡熟烂，放入大枣、葱段，继续小火炖煮 10 分钟，加入盐调味，撒上香菜碎点缀即可。

栗子乌鸡煲

材料：童子鸡 1 只，糯米、血糯米各 50 克，干荷叶 1 张，胡萝卜丁适量，核桃仁碎 20 克，松仁少许，姜片、蒜末、葱花各适量。

调料：大料、料酒、蚝油、老抽、生抽、盐、白糖各适量。

做法：1. 糯米、血糯米淘洗，浸泡；童子鸡洗净切块，放入料酒、姜片、大料腌制；干荷叶洗净。

2. 油锅烧热，入蒜末、葱花爆香，下核桃仁碎、松仁、胡萝卜丁，加少许盐炒匀后盛出备用；碗中放入老抽、生抽、蚝油、盐、白糖搅拌均匀，制成酱汁。

3. 荷叶摆盘底，酱汁和鸡块拌匀，与处理好的材料一起放入荷叶中，包上荷叶，隔水蒸熟即可。

糯米荷叶鸡

鸡腿

鸡腿连皮一起食用时，脂肪的含量较多；鸡腿是在整只鸡中铁含量最多的一部分。

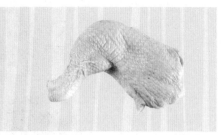

麻辣鸡腿

材料：土鸡腿300克，水发黑木耳20克，姜、葱段各适量。

调料：味精、辣椒面、盐、糖、干辣椒、花椒各适量，花椒油、红油各1小匙。

做法：1.鸡腿洗净，加入姜、葱段、干辣椒、花椒，入笼中蒸30分钟，晾凉后斩块；水发黑木耳洗净撕成小朵后汆熟。

2.油锅烧热，下辣椒面炒香备用。

3.盆中放入除干辣椒、花椒外的调料，放入鸡腿、葱段、黑木耳充分拌匀，装盘即可。

菇香鸡腿块

材料：土鸡腿400克，鲜香菇、葱各适量。

调料：蚝油、盐、干淀粉各适量，白糖少许。

做法：1.鸡腿洗净，剁成小块；鲜香菇去蒂后洗净，切成片；葱洗净，切成段，备用。

2.将鸡腿块放入碗中，加葱段和调料抓匀，腌渍半个小时至入味，备用。

3.再放入香菇块拌匀，放入盘中，再移至蒸锅中，用中火蒸半个小时，即可。

鸡翅

温中益气
强腰健胃

鸡翅胶原蛋白
含量丰富，对于
保持皮肤光泽
有好处，且是整
个鸡身口感最
佳部位之一。

材料：鸡翅中 400 克，熟芝麻、葱白适量。

调料：盐少许，干辣椒适量，酱油 1 大匙。

做法：1. 鸡翅洗净，斩成长段；葱白洗净，切段；干辣椒洗净，切圈。

2. 油锅烧热，下鸡翅中炸至变色，再加葱白、干辣椒圈翻炒。

3. 放入盐、酱油翻炒至熟时，撒上熟芝麻，起锅装盘即可。

材料：鸡翅 10 只，胡萝卜块、姜片、葱段各适量。

调料：盐、味精各少许，料酒、冰糖各 1 大匙，花椒、酱油、水淀粉各 1 小匙，清汤适量。

做法：1. 鸡翅入沸水氽烫捞出。

2. 油锅烧热，下鸡翅煸炒片刻，捞起鸡翅；冰糖炒成糖汁备用。

3. 砂锅洗净，依次放入所有材料、酱油、料酒、糖汁、花椒、盐和清汤，用大火烧开后改小火。鸡翅熟后捞出装盘，烧鸡汁的汤加味精，以水淀粉勾芡，起锅淋在鸡翅上即可。

鸭肉

补血行水
养胃生津

鸭肉性味甘、寒，大补虚劳，最消毒热。有滋补、养胃、除虚热的作用。

口味鸭

材料： 鸭肉 450 克，香菜少许。

调料： 大料、豆蔻、陈皮、料酒、酱油、番茄酱各适量，盐少许。

做法： 1. 鸭肉洗净切成小块，入开水中氽烫；香菜洗净，切成段。

2. 水锅烧热，入大料、豆蔻、陈皮、料酒、酱油、盐烧沸，放入鸭块。

3. 煮沸后转小火卤 1 小时，关火浸泡 30 分钟，盛盘，淋上番茄酱，放上香菜即可。

红油鸭胸肉

材料： 鸭胸肉块 300 克，蒜末、姜片、香菜各适量。

调料： A.盐、白糖、花椒、大料、桂皮、丁香、干辣椒、料酒、泡椒、酱油各适量；B.陈醋、花椒油各 1/2 小匙，酱油、辣椒油各 3 小匙。

做法： 1. 所有材料洗净；鸭胸肉块入沸水锅中氽烫熟，捞出。

2. 净锅置火上，入调料 A、姜片和清水，煮成卤汁，入鸭胸肉块，大火烧开，转小火卤半小时，关火，焖 40 分钟。

3. 将蒜末、调料 B 拌匀成味汁。淋在鸭胸肉块上，用香菜点缀即可。

蘸汁鹅肉

材料：鹅肉 300 克，姜、香菜各少许。

调料：盐、味精、鹅肉酱料各适量。

做法：1. 将鹅肉洗净入锅中，加水没过鹅肉，调入盐和味精，小火慢煮 80 分钟后关火，闷 30 分钟。

2. 然后把煮好的鹅肉取出，晾凉，切成片；将姜洗净，切成丝；将切好的鹅肉片与姜丝、香菜摆入盘中。食用时蘸鹅肉酱料即可。

剁椒鹅肠

材料：鹅肠 400 克，剁椒 100 克，葱少许。

调料：醋、酱油各 1 小匙，盐、味精各少许。

做法：1. 鹅肠剖开，洗净，切成长段；葱洗净，切成葱花。

2. 鹅肠下入沸水中汆烫，至熟捞出盛入碗中。

3. 油锅烧热，下入剁椒炒香，再加调料调味后，起锅淋在鹅肠上，并撒上葱花即可。

* 小贴士　鹅肠要用盐和清水多洗几遍再进行烹饪。

鸡蛋

营养丰富
温中益气

98%。
其利用率高达
需要，适当食用
适合人体生理
氨基酸比例很
鸡蛋蛋白质中

鸡蛋菠菜炒粉丝

材料：鸡蛋1个，菠菜、粉丝各100克。

调料：盐，酱油各适量。

做法：1.鸡蛋打散，煎成蛋饼备用；菠菜洗净切段；粉丝泡发洗净后捞起晾干，备用。

2.油锅烧热，放入菠菜、粉丝一起翻炒，再倒入蛋饼一起炒匀。

3.炒至熟后，加入盐、酱油拌匀调味，起锅装盘即可。

玉米炒蛋

材料：玉米粒150克，鸡蛋1个，火腿、青豆、胡萝卜丁各适量，葱花少许。

调料：水淀粉、盐各适量。

做法：1.所有材料洗净。鸡蛋打散，加入盐和水淀粉调匀；火腿切丁。

2.油锅烧热，倒入蛋液炒熟，出锅；锅内入油烧热，放入玉米粒、胡萝卜丁、青豆和火腿丁，炒香。

3.放入鸡蛋块，加盐调味，炒匀盛出时撒入葱花拌匀即可。

材料：玉米罐头1罐，熟咸鸭蛋（取蛋黄）2个，熟豌豆20克。

调料：吉士粉2小匙，水淀粉1大匙，盐少许。

做法：1. 打开玉米罐头，取出玉米粒并控干水分放入碗内，加入熟豌豆、吉士粉、水淀粉混合均匀，使粉包裹住每一粒玉米和熟豌豆。

2. 油锅烧热，下玉米粒和熟豌豆，用小火炸至金黄，捞出沥油。锅中留底油烧热，熟咸鸭蛋黄捣成碎末后放入锅中略炒，离火炒至冒泡，倒入玉米粒、熟豌豆，加盐炒匀稍点缀即可。

蛋黄焗玉米

材料：鸡蛋6个，葱2根。

调料：市售卤料包1份，酱油、醪糟各200毫升，白糖500克，干辣椒段少许，盐适量。

做法：1. 取一个汤锅，葱切段后与干辣椒段一起入锅，加入酱油、醪糟和水煮至滚沸，再加入白糖及卤料包，转至小火煮约10分钟，至香味散发出来熄火放凉，制成卤汁，备用。

2. 水中加少量盐煮沸后放入鸡蛋，转至小火煮5分钟后捞出鸡蛋，立即用冷水冲凉，以避免余温让蛋黄过热。待冷却后，剥除蛋壳，放入卤汁中浸泡，放冰箱冷藏1天即可。

黄金蛋

皮蛋

皮蛋性凉，其不但是美味佳肴，而且还能泻热、醒酒。

促进食欲 清热降火

青红甜椒拌皮蛋

材料：皮蛋2个，青椒、红甜椒各50克。

调料：酱油、醋、香油1大匙，盐、味精各少许。

做法：1. 皮蛋剥去蛋壳，切成瓣摆于盘中。

2. 青椒、红甜椒洗净，切丁装碗，再放入盐、味精、酱油、醋和香油一起拌匀，制成味汁。

3. 将味汁浇在盘中的皮蛋上即可。

虎皮皮蛋

材料：皮蛋2个，青尖椒80克。

调料：盐、味精各少许，生抽、香油各适量。

做法：1. 皮蛋去壳，切成瓣摆入盘中；青尖椒洗净，去籽，切成片。

2. 油锅烧至六成热，下尖椒爆炒至外皮呈虎皮状时，再放入盐、味精、生抽调味。

3. 翻炒均匀，盛入盘中的皮蛋上，再淋上香油拌匀即可。

材料：皮蛋 4 个，鸡腿菇 200 克，五花肉片 50 克，葱花适量。

调料：生抽、盐、淀粉各适量。

做法：1. 鸡腿菇洗净，切成块；皮蛋去壳，切成小块，表面均匀撒上淀粉。

2. 油锅烧热，将皮蛋煎至表面焦黄，盛出沥油。

3. 锅留底油，爆香葱花、五花肉片，入鸡腿菇块翻炒片刻，调入水、生抽，再放入已经煎好的皮蛋，烩 3 分钟，调入盐即可。

鸡腿菇烩皮蛋

材料：皮蛋 4 个，鸡蛋、荸荠各 2 个，水发黑木耳 25 克，葱花、姜末、香菜各适量。

调料：面粉 1 大匙，酱油、米醋各 1 小匙，白糖、胡椒粉、水淀粉、鲜汤各适量，味精少许。

做法：1. 将皮蛋去壳，每个蛋切成均匀的 8 瓣；荸荠洗净，切片。

2. 鸡蛋打入碗中打散，再加面粉搅成蛋糊；黑木耳洗净。

3. 起锅热油，烧至六成热；将皮蛋逐块滚匀蛋糊。

4. 下锅炸约 1 分钟捞出；另起锅加鲜汤、黑木耳、荸荠片、酱油、米醋、白糖、味精、葱花、姜末、胡椒粉烧沸，用水淀粉勾芡，放入炸好的皮蛋块，拌匀用香菜点缀即可。

醋熘皮蛋

鹌鹑蛋

补益气血
补虚健脾

鹌鹑蛋有『卵中佳品』之称，其调补、养颜、美肤功用较为明显。

三彩鹌鹑蛋汤

材料： 鹌鹑蛋 11 个，水发黑木耳朵、蘑菇块、番茄块、葱段、姜片、香菜段各适量。

调料： 胡椒粉、盐、鸡精各适量，料酒少许。

做法： 1. 所有材料均洗净。鹌鹑蛋入锅中煮熟，去壳盛碗。

2. 将黑木耳朵、蘑菇片、葱段、姜片、香菜段放入锅中，加适量清水，煮 12 分钟，放入番茄块和调料，开火煮沸，倒入鹌鹑蛋碗中，盛出，撒上香菜段即可。

香熏鹌鹑蛋

材料： 鹌鹑蛋 350 克，姜片、香菜各少许。

调料： A. 大料、桂皮、丁香、茴香、砂仁、白芷各少许；B. 白糖、香油、盐、味精各适量。

做法： 1. 将鹌鹑蛋洗净，煮熟后捞出，过凉水，去皮备用。

2. 锅置火上，加适量水煮沸，依次放入调料 A，再放入调料 B（除香油外）、姜片煮沸后，放入鹌鹑蛋。

3. 改小火煮 10 ~ 15 分钟后关火，再焖煮片刻后揭开锅盖晾凉，将鹌鹑蛋装盘，刷上一层香油，点缀上香菜即可。

74

浓浓肉香

香而不腻的肉类食品散发出浓郁的芳香，醇厚浓郁，风味经典，一尝难忘……

每一块肉从被烹饪的那一刻起，就被赋予了全新的意义，将带给每一位食客不一样的惊喜。

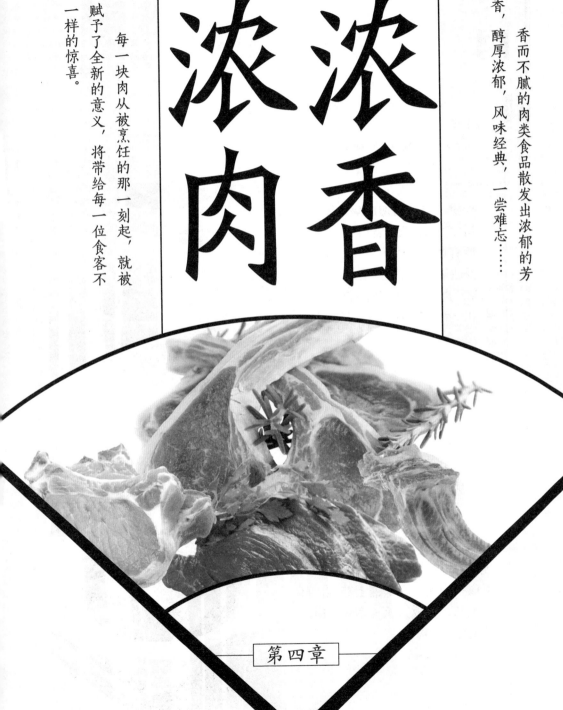

第四章

猪肉

猪肉含有丰富的蛋白质及脂肪。凡病后体弱、产后血虚、面黄羸瘦者，皆可食之。

补虚强身
滋阴润燥

橙香酸熘肉片

材料：猪瘦肉200克，柠檬、橙子各1个。

调料：白醋、酱油、味醂各1大匙。

做法：1. 将柠檬、橙子洗净；猪瘦肉洗净，切成片。

2. 柠檬、橙子均切成块，加适量水用榨汁机榨成汁备用。

3. 所有调料倒入碗中，加柠檬橙汁及适量清水搅成蘸酱。

4. 猪瘦肉片入沸水中氽烫至熟透，捞出、沥干，再装盘，搭配蘸酱食用。

豉汁焖肉

材料：猪肉500克，芽菜20克，葱花少许。

调料：豆豉适量，醪糟、老抽、鸡精各少许。

做法：1. 猪肉洗净切成片，抹上老抽，放入油锅炸至金黄色后捞出。

2. 加入鸡精、醪糟、豆豉和老抽搅拌均匀。

3. 取一个碗，底部铺上芽菜，再摆上猪肉，放入蒸屉蒸1小时，撒上葱花即可。

材料： 茄子 400 克，猪肉 150 克，葱末、青椒条各适量。

调料： 淀粉少许，鸡精、胡椒粉、老抽各 2 克，盐、甜面酱、番茄酱、白糖各适量。

做法： 1. 茄子洗净去蒂，切成条；猪肉洗净，切成丁。肉丁加老抽、淀粉、少许盐抓匀，腌渍片刻。

2. 炒锅烧热倒油，放入茄子条炸至变软，捞出沥油。

3. 锅留底油烧热，倒入肉丁迅速滑散，炒至变色。

4. 放入甜面酱、番茄酱炒香，加入鸡精、盐、白糖、胡椒粉、青椒条略炒，加入葱末，炒香后浇在炸好的茄子上即可。

肉末茄子

材料： 莲藕 200 克，猪瘦肉 300 克，甜豆荚、胡萝卜片各 20 克，姜片 10 克。

调料： A. 盐、酱油各少许，醪糟 1 小匙，淀粉少许；B. 盐、白糖各少许，醪糟 1 小匙，蚝油半小匙；C. 糯米醋少许，香油、水淀粉各适量。

做法： 1. 莲藕洗净，去皮后切片；猪瘦肉洗净，切片。

2. 猪瘦肉片加调料 A 抓匀，腌渍 15 分钟。将莲藕片放入加了糯米醋的沸水锅中氽烫 10 分钟。

3. 油锅烧热，加入姜片爆香，再加入胡萝卜片、甜豆荚、莲藕片炒匀，再倒入适量水烧开，放入猪瘦肉片。

4. 然后将调料 B 倒入锅中，最后用水淀粉勾芡，淋入香油拌匀即可。

藕片烩猪肉

乳香五花肉

材料： 五花肉400克，姜片、香菜、腐乳各适量。

调料： 腐乳汁、冰糖、醋、料酒各适量。

做法： 1. 五花肉洗净，切成方块，用冷水浸泡15分钟。

2. 取一锅，入五花肉块，加水没过肉块，加姜片、醋、料酒，大火烧沸，撇去浮沫。调成小火，盖上锅盖慢炖60分钟。

3. 将腐乳压碎后加入锅中。开盖煮6分钟，调成大火，入冰糖，待汤汁变稠时关火，起锅装盘，用香菜点缀即可。

松蘑五花肉

材料： 水发松蘑200克，五花肉100克，葱、蒜、姜、黄瓜各适量。

调料： 料酒、酱油、鸡精、盐各适量。

做法： 1. 松蘑用清水反复清洗几次，直至干净；五花肉洗净，切成片；黄瓜洗净，切成片；葱切成葱花；蒜、姜分别切成末，备用。

2. 油锅烧热，放入五花肉片煸炒出油，接着下入葱花、蒜末、姜末煸炒出香味，烹入料酒。

3. 再放入松蘑翻炒，调入盐、酱油、鸡精翻炒均匀，出锅时加黄瓜片和蒜末炒匀即可。

材料: 熟五花肉200克,豆干100克,圆白菜、蒜苗段、胡萝卜片各80克,洋葱丝、红甜椒片、蒜末各适量。

调料: 酱油少许,盐、鸡精、醪糟、白糖各少许。

做法: 1.熟五花肉切成片;豆干、圆白菜分别洗净、切成片,备用。

2.胡萝卜片、圆白菜片入沸水中略余烫,捞起沥干水分,备用。

3.油锅烧热,爆香蒜末,再加入已经准备好的五花肉片和豆干片翻炒至熟。

4.入洋葱丝、蒜苗段、红甜椒片炒香,再放入剩余的材料,加入调料炒至出香味即可。

材料: 五花肉300克,竹笋200克,蒜瓣、葱、姜片、红辣椒各适量。

调料: 醪糟、鸡精各少许,酱油、冰糖各适量。

做法: 1.五花肉洗净,切成块;葱、红辣椒分别洗净,切成段,备用。

2.竹笋去外壳后,切成段,入沸水中煮20分钟,备用。

3.油锅烧热,爆香蒜瓣、姜片,加入葱段、红辣椒段炒匀,再入五花肉块炒至颜色变白,再入调料炒香。

4.取卤锅,入做法3中的全部食材,再加入适量的水盖过肉,先用大火煮至沸腾,再盖上锅盖,转小火煮15分钟,最后加入竹笋段,煮25分钟即可。

猪排骨

剁椒排骨

材料： 猪排骨 450 克，剁椒 100 克，蒜末、葱花各适量。

调料： 豆豉 1 大匙，盐、鸡精、料酒、红油各适量。

做法： 1. 猪排骨洗净，剁成块，入沸水锅中汆去血水，捞出沥干，装盘，用盐、料酒、鸡精腌渍 10 分钟。

2. 剁椒洗净，备用。蒜末、剁椒、豆豉铺在排骨上面，淋入适量红油，入蒸锅蒸至熟取出，撒上少许葱花即可食用。

高升排骨

材料： 猪排骨 500 克，葱段、姜末、蒜末各适量。

调料： 料酒、生抽各 1 小匙，白糖 1 大匙，香醋 2 大匙，盐适量。

做法： 1. 猪排骨用清水泡去血水，沥干后切成小段，加入盐、葱段、姜末、蒜末搅拌均匀，腌制 30 分钟。

2. 油锅烧热，加入排骨块小火煎至骨肉微缩、表面呈金黄色。

3. 依次加入料酒，生抽、白糖、香醋、清水，大火煮开后转小火炖煮至排骨酥烂、汤汁浓稠，稍点缀即可。

材料：猪小排 350 克，鸡蛋 1 个。

调料：生抽 1 大匙，陈皮 2 块，面包糠、绵白糖、料酒各 1 小匙，盐少许。

做法：1. 排骨切成小段，用清水反复浸泡冲洗，去除血水，沥干水分；陈皮切成碎粒。

2. 排骨加生抽、盐、绵白糖、料酒、陈皮粒拌匀，盖上保鲜膜放入冰箱冷藏过夜。第二天取出，使排骨的温度稍稍回升到室温。

3. 让每一块排骨裹上一层鸡蛋液，再蘸一层面包糠。油锅烧热，放入排骨大火炸 1 分钟，再改小火慢慢炸透。捞起炸好的排骨，滤去多余的油，装盘后稍点缀即可。

*小贴士 吃的时候可以佐以酸辣酱。

陈皮炸排骨

材料：猪小排 500 克，荷叶 1 片，糯米 100 克，葱末、姜末各少许。

调料：生抽、料酒各 1 小匙，白胡椒、盐各少许。

做法：1. 荷叶放入凉水中浸泡，泡至回软；排骨切成小段，放入水中浸泡 2 小时去掉血水。糯米浸泡 12 小时，沥水备用。

2. 排骨加葱末、姜末、生抽、白胡椒、盐和料酒拌匀腌渍半小时后，排骨放入沥去水的糯米里滚一下，让糯米充分包裹住排骨。

3. 将裹好糯米的排骨整齐地摆在荷叶里，包裹好放入笼屉，盖上笼屉盖，大火开锅后蒸 60 分钟即可。

荷香蒸排骨

猪蹄

猪蹄含有丰富的胶原蛋白，能延缓皮肤衰老，亦能强健筋骨，乃滋补佳品。

美容养颜

补气益血

可乐猪蹄

材料： 猪蹄400克，姜、葱各80克，香菜少许。

调料： 可乐1罐，酱油、冰糖各适量。

做法： 1. 猪蹄洗净，剁块，入凉水锅中煮沸，除去血沫，捞出备用。

2. 葱、姜分别洗净，拍碎，放入汤锅中，备用。

3. 汤锅中加入做法1中处理好的猪蹄，倒入所有调料，大火煮沸，盖上锅盖，转小火炖煮2小时至猪蹄块完全熟透，汤汁收干，用香菜点缀即可。

花生炖猪蹄

材料： 猪蹄500克，花生仁100克，姜片适量。

调料： 盐、白糖、老抽、大料、料酒各适量。

做法： 1. 提前将花生仁用清水泡好。

2. 将猪蹄处理干净，剁成块状，放入凉水中煮沸，除去血沫，捞出备用。

3. 汤锅置火上，加适量清水，放入所有调料和姜片，大火烧开，下猪蹄块后再次烧开，加入花生仁，转小火焖炖至熟，待汤汁浓稠时即可关火起锅。

材料：猪蹄600克，鲜茶树菇200克，姜、香菜各适量。

调料：沙姜、冰糖、鸡精、料酒、老抽、盐、大料各适量。

做法：1.猪蹄洗净剁成块，入凉水锅中煮沸去血沫；茶树菇洗净，切去根部；姜拍碎，备用。

2.油锅烧热，入姜爆香后，入猪蹄块翻炒，烹入料酒、大料、沙姜、冰糖，炒出香味，加入老抽，翻炒上色，加入适量开水，没过猪蹄，烧沸后倒入高压锅煮30分钟。

3.另起锅热油，入茶树菇煸干，倒入煮好的猪蹄块，调入盐、鸡精炒匀，转至中火焖烧至茶树菇熟，大火收汁，点缀香菜即可。

猪蹄炖茶树菇

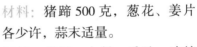

材料：猪蹄500克，葱花、姜片各少许，蒜末适量。

调料：花椒、大料、香叶、冰糖各少许，干辣椒段、酱油、甜面酱、盐各适量。

做法：1.猪蹄洗净，剁成小块，入冷水锅中煮沸，捞出洗净，沥干水分，备用。

2.油锅烧热，放入大料、干辣椒段、葱花、姜片、蒜末、花椒、香叶略炒至出香，入猪蹄块翻炒，调入酱油、冰糖、甜面酱、盐翻炒均匀，然后加入开水，调至大火烧沸。

3.将煮过的食材移入炖锅，炖至猪蹄酥烂后关火。让猪蹄块在汁中浸泡3小时，待其充分入味即可。

香香猪蹄

牛肉

牛肉能增强免疫力，有生肌抗衰之功效，享有『肉中骄子』之美誉。

生肌防衰
补铁补血

葱串牛肉

材料：牛肉250克，青葱6根。

调料：盐、胡椒粉各少许，辣酱油1大匙，红酒2大匙，鸡精少许。

做法：1.牛肉洗净切成块；青葱洗净切成段；所有调料拌匀，备用。

2.牛肉块放入调料中，腌20分钟备用。

3.腌好的牛肉块与青葱段用竹签串起，放入已预热的烤箱中，200℃烤10分钟即可。

风味麻辣牛肉

材料：熟牛肉250克，红甜椒30克，香菜20克，熟芝麻适量，香葱少许。

调料：香油、辣椒油各适量，酱油2大匙，味精、盐、花椒粉各少许。

做法：1.熟牛肉切成片；香葱洗净，切成段；红甜椒切成丝。

2.味精、酱油、辣椒油、盐、花椒粉、香油调匀，调成调味汁。

3.牛肉摆盘，浇调味汁，撒熟芝麻、红甜椒丝、香菜、葱段即可。

材料：牛肉片 200 克，葱花 30 克，蒜末 20 克，豆芽 50 克，姜末、干辣椒圈各适量。

调料：豆瓣酱 2 大匙，高汤 250 毫升，白糖 2 小匙，酱油 1 大匙，淀粉、醪糟各 1 小匙，花椒 10 粒。

做法：1. 牛肉片加酱油、淀粉、醪糟抓匀腌渍一下；黄豆芽入沸水氽烫 1 分钟，沥干水分盛碗备用。

2. 油锅烧热，爆香姜末、蒜末、豆瓣酱，加入高汤、白糖煮沸。

3. 经腌制的牛肉片放入锅中拌开，煮约 5 分钟后，盛入放黄豆芽的碗中，再撒上葱花。

4. 另起一锅加油烧热，用小火爆香干辣椒圈、花椒后，淋至做法 3 的牛肉上即可。

材料：牛肋骨、白萝卜各 500 克，胡萝卜 200 克，西芹 100 克，洋葱 20 克，姜 30 克。

调料：大料 2 粒，豆瓣酱 3 大匙，白糖 2 大匙，盐少许。

做法：1. 牛肋骨洗净切小块，入水锅煮沸至变色，捞出；洋葱及姜均去皮切碎备用；白萝卜及胡萝卜洗净去皮切成小块；西芹洗净，切成块。

2. 油锅烧热，爆香洋葱碎及姜碎，加豆瓣酱炒至散发出香味，加入牛肋骨块翻炒约 1 分钟。

3. 转入汤锅加 1000 毫升水，放入白萝卜块、胡萝卜块、西芹块和大料、盐、白糖，以大火煮开后改小火煮约 90 分钟，至牛肋骨块熟软且汤汁略收干即可。

牛肉豆腐煲

材料： 牛肉120克，板豆腐200克，洋葱20克，姜末30克，蒜苗40克。

调料： A.蛋清、鸡精各适量，淀粉、酱油各1小匙；B.豆瓣酱、醪糟各2大匙，白糖1大匙，水淀粉2小匙，香油1小匙。

做法： 1.牛肉切成块，加入调料A抓匀，腌渍5分钟；板豆腐切成小块；洋葱切碎；蒜苗切成段，备用。

2.油锅烧热，放入牛肉块大火快炒约30秒至表面变白，捞出；用余油炸板豆腐块至外观呈金黄色，捞出；余油爆香洋葱末、姜末及豆瓣酱。

3.加入水、白糖、醪糟及板豆腐块煮至滚沸后，加入做法2的牛肉块及蒜苗段，用水淀粉勾芡，淋上香油即可。

腐乳汁牛肉

材料： 牛肉600克，葱花适量。

调料： 白糖1小匙，桂皮、香叶、大料、玫瑰腐乳各少许。

做法： 1.牛肉切块，泡去血水，洗净，入冷水锅煮至变色，捞出沥干水分，牛肉汤撇去浮沫留用。

2.取一个小碗，放入玫瑰腐乳连同腐乳汁，加适量清水搅拌均匀。

3.炒锅倒油烧热，下大料、桂皮、香叶炒香，放入牛肉块、白糖和调好的腐乳汁炒匀，倒入适量清水，小火慢炖30分钟，转大火收汁，撒上葱花即可。

材料：牛柳 250 克，蒜片、姜片各少许，香菜段、泡椒各 50 克，朝天椒 5 个。

调料：蚝油、盐少许，嫩肉粉、水淀粉各适量。

做法：1. 牛柳切成丝，冲洗干净；泡椒洗净；朝天椒洗净切成小段。

2. 牛柳丝用嫩肉粉、水淀粉、盐腌渍 1 小时后过油。

3. 起锅热油，蒜片、姜片煸香，下泡椒、朝天椒段、牛柳炒熟，调入盐、蚝油，点缀上香菜段即可。

爆炒牛柳

材料：牛腩 600 克，苹果 1 个，菠萝、洋葱、胡萝卜各适量，柳橙汁 100 毫升。

调料：牛高汤 800 毫升，白醋、白糖、水淀粉各 2 大匙，番茄酱 1 大匙，盐适量。

做法：1. 牛腩洗净，切成块，用冷水煮沸至变色，捞出备用；菠萝、苹果、洋葱、胡萝卜去皮，洗净后切成块。

2. 油锅烧热，放入洋葱块，以小火炒香，再放入牛腩块略炒。倒入牛高汤煮沸，放入胡萝卜块、苹果块、菠萝块、柳橙汁和白糖再次煮沸。

3. 淋入白醋，再放入番茄酱和盐，煮至入味，用水淀粉勾芡后起锅装盘即可。

果香牛腩

银罗牛柳

材料：牛柳丁200克，菠萝丁100克，芹菜段、土豆块、红辣椒段各适量，香菜少许。

调料：A.淀粉、酱油、小苏打、蚝油各少许；B.高汤3大匙，红葡萄酒1大匙，水淀粉少许。

做法：1.牛柳丁放入碗中，加调料A腌渍15分钟，取出备用。

2.油锅烧热，爆香红辣椒段，然后加入牛柳丁拌炒均匀。

3.再加入芹菜段、土豆块、菠萝丁和高汤，以小火煮至汤汁收干。

4.加入红葡萄酒调匀，淋入水淀粉勾芡，撒上香菜即可。

浓香腐竹炖牛腩

材料：牛腩500克，腐竹250克，黑木耳100克，姜3片，葱花少许，香菜适量。

调料：A.料酒2大匙，大料2粒，牛肉粉、胡椒粉各少许，酱油、淀粉各适量；B.蚝油1大匙，白糖、酱油各少许。

做法：1.牛腩洗净，切成小块，加入调料A和姜片，腌渍一下；黑木耳泡发洗净，切成小朵；腐竹泡发洗净，剪成段；香菜洗净切成末。

2.油锅烧热，腌好的牛腩块下锅大火翻炒，七成熟后加入腐竹段和黑木耳，加入调料B。加清水没过牛腩，转小火炖煮20分钟，待收汁后，撒上香菜末和葱花出锅即可。

烤牛小排

材料：牛小排 300 克，蒜瓣 3 粒，梨 50 克，洋葱 20 克。

调料：味醂、酱油各 2 大匙，糖、醪糟各 1 大匙。

做法：1. 蒜瓣、梨、洋葱加入所有调料，用果汁机打成泥备用。

2. 用做法 1 做好的料泥腌渍牛小排 8 小时备用。

3. 腌渍好的牛小排放入烤箱中，先以 120℃烤约 10 分钟，再以 200℃烤至表面焦香后取出，稍点缀即可。

* 小贴士　食用时可撒上适量黑胡椒以增加风味。

黑椒煎牛排

材料：牛排 350 克，西蓝花 50 克，洋葱 1/3 个，薄荷叶少许。

调料：香料 1 小匙，盐少许，黑胡椒适量。

做法：1. 牛排洗净沥干，以厨房纸吸干多余水分；洋葱洗净，切成丝；西蓝花洗净，掰成小朵，备用。

2. 油锅烧热，放入沥干水分的牛排，以中小火煎至牛排两面上色。

3. 锅中加入西蓝花、洋葱丝略炒。

4. 加入所有调料，翻炒均匀后起锅装盘，以薄荷叶装饰即可。

羊肉

温补肝肾

温补脾胃

宜于冬季食用。

可补身体，最适

温，能御风寒，

羊肉味甘、性

孜然烤羊肉串

材料：A.羊腿肉200克；B.红甜椒、黄甜椒各2个，洋葱1/2个，鲜香菇6朵。

调料：A.孜然粉、盐、红甜椒粉各适量；B.糖、酱油、醪糟各1小匙，盐、味精各少许。

做法：1.羊腿肉切成小块，加入所有调料B拌匀，腌渍约1小时备用。

2.材料B切成合适块状备用。

3.用竹签将做法1的羊肉块及做法2的材料串起。以小火烤熟后，撒上调料A即可。

葱爆羊肉

材料：羊肉300克，葱白200克。

调料：米醋、白糖、酱油各适量，盐、鸡精各少许，干辣椒50克。

做法：1.羊肉洗净，切成片；葱白洗净，切成片；干辣椒洗净，切成小段。

2.油烧至五成热，放入羊肉片迅速翻炒，至羊肉变白时，放入葱片、干辣椒段，加入酱油、白糖、盐翻炒均匀。最后淋入米醋，调入鸡精拌匀后即可起锅装盘。

材料: 羊后腿肉 300 克, 羊骨 3 根, 葱段、姜片、葱末、香菜段各适量。

调料: 大料 2 粒, 料酒、桂皮各适量, 香叶 3 片, 白醋、白糖、生抽各 1 小匙, 盐、胡椒粉各少许。

做法: 1. 羊肉切成块, 和羊骨放入冷水中, 大火煮沸, 撇去血沫后洗净。

2. 锅中加清水烧沸, 放入羊骨、葱段、姜片、大料、香叶、桂皮、生抽、白醋, 小火慢熬。

3. 油锅烧热, 爆香葱末、姜片、放入羊肉块翻炒, 加少许白醋、生抽、料酒。

4. 羊骨汤分几次倒入, 每次倒入后大火烧开, 撇去浮沫, 熬煮 1 个小时。出锅前加入盐、白糖、胡椒粉调味, 最后撒上香菜段即可。

羊骨羊肉煲

材料: 羊肉 400 克, 油菜 100 克, 冻豆腐 80 克, 蒜片、姜片各适量。

调料: 料酒、酱油各 1 大匙, 盐、胡椒粉各少许。

做法: 1. 油菜择洗干净, 切成段; 冻豆腐切成块, 备用。

2. 羊肉洗净后切成块, 入沸水中略汆烫, 去除血水后洗净, 另放入一锅水中, 加料酒和姜片煮半小时后捞出, 备用。

3. 取一砂锅, 放入冻豆腐块、羊肉块、蒜片, 再加入羊肉汤大火烧开, 改用中火煮至羊肉软烂。

4. 加入酱油、盐、胡椒粉炖至羊肉块入味, 最后放入油菜段煮沸即可。

连锅羊肉

手扒肉

材料：羊腩肉1000克，洋葱1个，胡萝卜1根，香菜、葱片、姜片各适量。

调料：花椒20粒，草果2枚，小茴香10克，草豆蔻4枚，孜然粒、盐各少许，干辣椒碎适量。

做法：1.羊腩肉切成条，洗净，入冷水中浸泡2～3小时，除血水。

2.洋葱切成块；胡萝卜去皮切成滚刀块。将除干辣椒碎和孜然粒以外的其余调料装入调料包中。

3.锅中加足量水，入羊腩肉，煮沸后加入洋葱块、胡萝卜块、香菜、葱片、姜片和调料包，再煮开后调成小火煮2小时，捞出羊肉块放入盘中撒上辣椒碎和孜然粒，上蒸屉蒸1小时至肉酥烂，倒入煮肉汤底即可。

清香羊肉煲

材料：羊肉500克，姜、葱、蒜瓣各适量。

调料：鸡高汤300毫升，盐1小匙，醪糟1大匙，白糖少许，当归、水发枸杞子、干山药、甘草各适量。

做法：1.羊肉洗净，切成块；姜洗净，切成片；葱、蒜瓣均洗净，切成末。

2.将羊肉块放入沸水锅中汆烫透，捞出，沥干水分。

3.锅中倒入适量清水，放入鸡高汤、醪糟、当归、枸杞子、干山药、甘草和所有材料，大火烧开，撇去浮沫后盖上锅盖，转中小火煮1.5小时，加盐、白糖调味即可。

羊排

补血温经
补精助阳

羊排性温，可以

增加人体热量，还能

抵御寒冷，还能

助元阳，补精血。

清炖萝卜羊排

材料： 白萝卜200克，小羊肋排500克，青蒜片20克，枸杞子、葱段、姜片各适量。

调料： 花椒20粒，白芷、草豆蔻、小茴香各适量，陈皮、盐各少许。

做法： 1.小羊肋排洗净切成块，加入冷水煮沸除去血水，捞出洗净备用。

2.所有调料装入调料包中。白萝卜切片，汆烫熟后备用。

3.汤锅中放入小羊肋排、葱段、姜片和香料包，注入足量冷水，大火煮开后调小火加盖煲煮1小时，加白萝卜片和枸杞煮10分钟，出锅撒入青蒜片即可。

香辣烤羊排

材料： 羊肋排3根，香菜适量。

调料： 香辣烤肉酱50克，黑胡椒粉、蜂蜜各适量。

做法： 1.羊排切成块，洗净沥干，撒上一层黑胡椒粉，倒上香辣烤肉酱，揉匀，装进保鲜袋放冰箱里冷藏腌渍。

2.将腌好的羊排取出用锡纸包裹住放入预热好的烤箱，180℃烤40分钟，取出再撒一遍黑胡椒粉，刷一层蜂蜜，换一张新的锡纸包裹。

3.烤箱调至160℃，再烤15分钟即可出炉。最后点缀上香菜叶。

93

小炒羊排

材料: 羊排250克,芹菜、胡萝卜、洋葱、蒜片、红辣椒片各适量。

调料: 盐、白糖、黑胡椒粉各1小匙,酱油1大匙,淀粉适量。

做法: 1.羊排洗净,切成段;洋葱洗净,切成丝;芹菜、胡萝卜均洗净,切成块;其余材料均洗净备齐。

2.将羊排段先加少许芹菜块、红辣椒片和洋葱丝拌匀,腌渍20分钟取出,再加淀粉抓匀。

3.油锅烧热,先放入羊排段,煎至两面金黄。然后放入芹菜块、胡萝卜块和洋葱丝、红辣椒片、蒜片炒软、炒香。

4.最后加剩余调料调味,出锅装盘即可。

黑胡椒羊排

材料: 羊小排400克,蒜末适量,生菜叶2片,香菜少许。

调料: 醪糟3大匙,黑胡椒酱1大匙。

做法: 1.羊小排洗净,切成段;其余材料均洗净,备齐。

2.炒锅放少许油烧热,放入蒜末和黑胡椒酱炒匀成蒜香黑胡椒酱,盛出。

3.羊小排段加醪糟拌匀,腌渍15分钟;生菜叶铺在盘底。

4.净锅倒油烧热,放入羊小排段煎至两面金黄且熟透,盛出,摆放在生菜叶上。最后,淋上蒜香黑胡椒酱,点缀香菜即可。

嫩鲜水产

鲜美的海鲜滋味常令人念念不忘，不论是炒、烧、蒸、煎、炸、烤，都别有一番滋味。

学一学这些菜吧，让原本肉质细嫩、味道鲜美的水产海鲜味更美。当你亲手将一道道美味无比的佳肴端上餐桌时，那将是多么地满足与自豪。

第五章

草鱼

开胃滋补
促进消化

对于身体瘦弱、食欲不振的人来说，草鱼是不错的选择，其肉嫩而不腻，可以开胃、滋补。

酸菜鱼

材料：草鱼500克，酸菜200克，葱白、红辣椒、香菜各少许。

调料：盐、味精各少许，酱油适量，醋、料酒各1小匙。

做法：1.草鱼处理干净，留头切成片；葱白洗净，切成小段；香菜洗净；酸菜洗净，切成片。

2.锅中注水，放入草鱼煮沸，放入酸菜，再倒入酱油、醋、料酒一起焖煮。

3.煮至草鱼熟时，加入盐、味精调味，撒上葱白丝、红辣椒圈、香菜即可。

蜀香酸菜鱼

材料：酸菜200克，粉丝100克，草鱼400克，蒜末、葱段、红甜椒各适量。

调料：醋、盐各少许。

做法：1.草鱼处理干净，切成片；酸菜洗净切成段；粉丝泡软后沥干；红甜椒洗净去蒂，去籽，切成段。

2.锅中加油烧热，下入酸菜段和红甜椒段炒香，再加入适量水煮开，下入鱼片、粉丝煮熟。

3.加入盐、醋和葱段再次煮沸，最后放上蒜末即可。

材料：草鱼500克，酸菜250克，红甜椒、泡椒、葱花、熟芝麻各适量。

调料：高汤、料酒各适量，盐、鸡精各少许。

做法：1. 草鱼处理干净切成片，擦干，用料酒和盐腌渍片刻；酸菜洗净沥干，切成丝备用；红甜椒、泡椒分别洗净切成段。

2. 锅中注入高汤，加入红甜椒段和泡椒段，烧开后下酸菜丝和鱼片，煮至断生。

3. 加盐和鸡精调味，撒上葱花和熟芝麻即可。

泡椒酸菜鱼

材料：草鱼1000克，姜末少许，蒜末适量，青椒末20克。

调料：盐、味精、料酒、香油各适量，白糖、酱油、水淀粉各少许，郫县豆瓣50克。

做法：1. 草鱼处理干净，从脊骨处取下两侧鱼肉，斜切成片，加入少许盐拌匀，再与水淀粉拌匀。

2. 油锅烧热，鱼片分散滑入，炸至表面质硬松脆、色泽浅黄、鱼肉刚熟时捞出，控干油分。

3. 锅内留油，加入剁碎的郫县豆瓣、姜末、蒜末、青椒末炒香，加入鱼肉，同时加入盐、白糖、味精、酱油调味，边加边翻匀材料，最后加入料酒、香油，炒匀起锅即可。

回锅鱼片

鲫鱼

健脾开胃
益气利水

鲫鱼补虚，营养
不良、水肿者宜
多食。脾胃虚
弱、饮食不香者
宜食。

泡菜鲫鱼

材料：鲫鱼、泡子姜、泡椒、葱花、酸菜各适量。

调料：水淀粉、醪糟汁、高汤各适量。

做法：1.鲫鱼处理干净，两面各划3刀；酸菜沥干水分，切成细丝；泡椒切圈，泡子姜切成粒。

2.油锅烧热，放入鲫鱼煎至黄色捞出。锅内留油，入泡椒、泡子姜、葱花、醪糟汁炒香，再入高汤，放入鲫鱼、酸菜同煮入味后即可盛盘，最后用水淀粉勾薄芡，浇在鱼身上。

椒麻鲫鱼

材料：鲫鱼400克，葱、姜各6克，香菜少许。

调料：干辣椒碎少许，花椒、盐、味精各适量。

做法：1.鲫鱼去鳞洗净，在背部切上花刀；葱洗净切成段，姜洗净切成片。

2.鲫鱼用葱段、姜片、盐、味精腌渍入味，放入七成热油中炸至八成熟后捞出。

3.油锅烧热，下入干辣椒碎、花椒炒香后，再放入鲫鱼翻炒片刻，装盘点缀香菜即可。

材料：鲫鱼3条，青葱2根，姜1块。

调料：辣豆瓣酱、冰糖、蚝油、醪糟各1大匙，酱油、醋各1小匙，盐少许。

做法：1. 鲫鱼处理干净，沥干；青葱切成段；姜切成片。

2. 油锅大火烧热，鲫鱼略炸，再转小火慢慢炸至外观酥脆，捞起沥油备用。

3. 锅留底油，放入葱段、姜片爆香至微焦，放入所有调料炒香，再放入炸好的鲫鱼，加少量清水后盖上锅盖，以小火烧至汤汁略收干即可。

* 小贴士　做法3的烹调过程中，鲫鱼需不时翻面以免烧焦。

葱烧鲫鱼

材料：鲫鱼400克，番茄100克，姜、鲜柠檬片各适量。

调料：胡椒粉少许，料酒、盐、鸡精各适量。

做法：1. 鲫鱼处理干净，在鱼身上切花刀，然后均匀地抹上盐，放入鲜柠檬片腌渍30分钟。

2. 番茄、姜分别清洗干净，切成片，备用。

3. 油锅烧热，下入腌好的鲫鱼将其两面煎至金黄，入姜片、开水，加入番茄片增香，大火烧6分钟。

4. 出锅前调入鲜柠檬片、盐、料酒、胡椒粉、鸡精调味即可。

红黄鲫鱼

鲢鱼

温中益气
利水消肿

鲢鱼味甘性平，温中益气，利水。久病体虚，水肿者宜食用。

豆腐炖鲢鱼

材料： 鲢鱼 500 克，豆腐 250 克，葱花、葱段、姜片、蒜片、红辣椒段各适量。

调料： 辣豆瓣酱、料酒、盐各适量。

做法： 1. 鲢鱼处理干净，切成块，用盐和料酒腌渍 10 分钟；豆腐洗净，切成块，焯烫。

2. 油锅烧热，放入辣豆瓣酱、葱段、姜片、蒜片爆香，放入鱼块翻炒。然后倒入适量清水、豆腐块，大火烧沸后，转小火炖 10 分钟，加盐调味，撒葱花、红辣椒段即可。

清蒸鲢鱼

材料： 鲢鱼 1 条，葱段、姜片各适量。

调料： 盐适量，料酒 2 小匙，胡椒粉少许。

做法： 1. 鲢鱼处理干净，在鱼身上划几刀，用盐、料酒、胡椒粉腌渍 10 分钟，放在蒸盘内，在鱼身上撒姜片、葱段，大火隔水蒸 10 分钟后，将鱼取出。

2. 油锅烧热，将油均匀地淋在鱼身上即可。

材料：鲢鱼500克，香菜、鸡蛋清（打散）、泡椒、姜片、蒜瓣、芝麻各适量。

调料：高汤、盐、干辣椒、五香粉、料酒、鸡精、花椒各适量。

做法：1.将鲢鱼处理干净后切成薄块，用盐、料酒腌渍，用鸡蛋清裹匀；干辣椒洗净切成段。

2.油锅烧热，下入干辣椒段、芝麻、蒜瓣、姜片、泡椒、花椒爆香，再加入高汤、五香粉煮开。

3.放入鲢鱼煮熟，调入盐、鸡精，撒上香菜即可。

香辣鲢鱼

材料：鲢鱼400克，青椒片、红甜椒片、花生仁、泡椒、大蒜，姜末、松仁、芹菜段各适量。

调料：盐、料酒、红油、花椒粒、辣椒酱各适量。

做法：1.所有材料洗净，备齐。

2.油锅烧热，入青椒片、红甜椒片、花椒粒、花生仁、松仁、辣椒酱、大蒜、姜末炒香，加入鱼块炸香，注入适量清水烧开，放入芹菜、泡椒同煮。

3.调入盐、料酒拌匀，淋入红油即可。

川味鲢鱼

鲤鱼

鲤鱼味甘，性平，含有丰富的优质蛋白质，且其脂肪多为不饱和脂肪酸。

鲤鱼烩双鲜

材料： 鲤鱼1条，香菇50克，冬笋100克，姜片、大蒜、葱花各适量。

调料： A.花椒少许，大料3粒，干辣椒段、胡椒粉、盐各适量；B.老抽、白醋、生抽、料酒、白糖各2小匙。

做法： 1.鲤鱼处理干净，切成块，沥干，用盐、姜片腌渍10分钟；香菇、冬笋洗净切成片，氽烫后沥干。

2.油锅烧热，下花椒、大料、干辣椒段爆香，放入鱼块煎至两面微黄，放入大蒜、香菇片、冬笋片和调料B，加水没过鱼块煮开，改小火收汁，加入胡椒粉和盐调味，撒上葱花即可。

红烧鲤鱼块

材料： 鲤鱼块350克，葱段、姜片、蒜片、香菜段各适量。

调料： 盐、醋、生抽、白糖各适量，料酒10克，淀粉、胡椒粉各少许。

做法： 1.鲤鱼块用料酒、胡椒粉、姜片、盐腌渍10分钟，下入热油锅中，炸至金黄捞出；将剩余调料加适量水调成酱汁。

2.油锅烧热，下入葱段、蒜片爆香，倒入酱汁，大火烧沸后，下入鲤鱼块焖5分钟入味，盛出撒香菜段即可。

鲈鱼

鲈鱼能补肝肾，健脾胃、化痰止咳，对肝肾不足的人有很好的补益作用。

健身补血
健脾益气

材料：鲈鱼 1 条，肉末 50 克，啤酒 1 罐，洋葱 50 克，姜片少许，葱段、葱花各适量。

调料：蚝油、老抽、白糖各 1 大匙，豆瓣酱 2 大匙，大料 2 粒，桂皮 2 块，盐少许。

做法：1. 洋葱切片；鲈鱼洗净在鱼背处划几刀，在表面上刷一层油。

2. 油锅烧热，将鲈鱼煎至两面金黄。

3. 锅里留少许油，炒香肉末，放姜片、洋葱片，再加入葱段继续炒香。

4. 鱼入锅，倒入啤酒，加入所有调料焖烧 10 分钟左右，盛盘，撒上葱花即可。

肉末啤酒鲈鱼

材料：鲈鱼 1 条，香菜、姜片、葱段、姜丝、红甜椒丝、茶叶各适量。

调料：酱油 2 大匙，醪糟 1 大匙，盐适量。

做法：1. 姜片、葱段和酱油、醪糟混合均匀制成腌料，备用。

2. 鲈鱼处理干净，抹上少许盐，倒入腌料中腌渍 10 分钟，备用。

3. 锅置火上，加入适量清水煮沸，先放入姜丝、红甜椒丝，再放入鲈鱼和腌料盖上盖子煮约 3 分钟。

4. 打开锅盖，加入茶叶煮至入味，酱汁微干，盛盘点缀香菜即可。

茶香鲈鱼

鲈鱼开屏

材料： 鲈鱼1条，葱段、姜片、蒜片、枸杞子、葱花、香菜各30克。

调料： 盐、蒸鱼豉油各适量，料酒、白糖各少许。

做法： 1.鲈鱼处理干净，剁头、尾备用，鱼身切成段，将鱼段、鱼头、鱼尾调入盐、料酒、葱段、姜片、蒜片腌渍40分钟。

2.取一鱼盘，将姜片、葱段、蒜片、鱼肉摆放盘中，再撒一层姜片、葱段、蒜片。

3.将鱼盘放入蒸锅，用大火蒸10分钟，关火闷6分钟，拣去葱段、姜片、蒜片，控出汤水。

4.锅中调入蒸鱼豉油、白糖烧沸，起锅浇在鱼身上，再撒上枸杞子、葱花、香菜即可。

香淋鲈鱼

材料： 鲈鱼1条，葱、姜片、葱白段、红辣椒、香菜各适量。

调料： 生抽、白糖、料酒各适量。

做法： 1.葱、红辣椒分别洗净，切成细丝，备用。

2.鲈鱼处理干净后，在鱼身上切两刀；取鱼盘，盘底垫姜片，鱼放在姜片上，鱼身上撒些葱白段，淋点油。等水沸后，将鱼入蒸锅蒸5分钟后取出，倒掉多余的水，拣去葱白段。

3.将生抽、白糖、料酒倒一起调成酱汁，淋在鱼身上。

4.将葱丝、红辣椒丝撒在鱼身上，锅置火上，油烧至冒烟，直接淋到葱丝、红椒丝上，点缀上香菜即可。

武昌鱼

健脾暖胃
利水和中

武昌鱼营养丰
富，味道鲜美，
一般人都可食
用，老少皆宜。

豉椒武昌鱼

材料: 武昌鱼1条,葱1根,红甜椒、香菜、姜片各适量。

调料: 豆豉1大匙,老抽1小匙,盐、香油少许。

做法: 1.武昌鱼处理干净;葱洗净切成丝;红甜椒洗净切成粒。

2.鱼用姜片、老抽、盐、葱丝腌渍。

3.腌入味的鱼放入盘中,加入豆豉、红甜椒粒,上锅蒸熟,取出。淋上香油,点缀上香菜即可食用。

五香鱼

材料: 武昌鱼1条,姜片、葱花、香菜各适量。

调料: 花椒、香醋、生抽各1小匙,料酒、白糖、盐、香油各适量。

做法: 1.武昌鱼洗净切花刀。

2.油锅烧热,入花椒、姜片煸香后捞出花椒,放入武昌鱼,煎至两面焦黄。

3.锅中加入料酒、生抽,白糖及部分葱花,加水至刚刚没过鱼,大火煮沸后转小火焖煮15分钟。

4.调入盐、少许香醋,淋入香油煮片刻,出锅前撒上香菜及剩余的葱花即可。

黄鱼

雪菜黄鱼

材料： 黄鱼1条，雪菜100克，红甜椒末、红辣椒段各适量。

调料： 料酒、盐、胡椒粉、酱油、淀粉、白糖、熟油各少许。

做法： 1. 黄鱼处理干净，鱼身两面各切3刀；其他材料洗净。

2. 黄鱼表面抹淀粉、料酒、盐和胡椒粉腌渍约半小时。

3. 鱼放入盘中，放上雪菜和红甜椒末、红辣椒段，调入熟油、酱油、白糖和适量水；盖上保鲜膜后放入微波炉中加热7分钟即可。

清蒸黄鱼片

材料： 黄鱼1条，葱40克，姜6片，蒜25克，薄荷叶少许。

调料： 水淀粉、盐各适量，料酒1小匙。

做法： 1. 黄鱼洗净，取净鱼肉，斜刀切成0.5厘米厚的片，放入碗中，加盐、料酒、水淀粉拌匀上浆；葱一半切成段，一半切成丝；蒜切成蓉。

2. 将鱼片放入盘中，加葱段、姜片、蒜蓉、料酒、盐，入蒸锅蒸10分钟后取出。

3. 放上葱丝，浇上热油，点缀上薄荷叶即可。

材料：黄鱼1条，葱、姜、蒜、香菜各适量。

调料：鸡精、绍酒、豆豉、老抽、白糖各适量。

做法：1.黄鱼处理干净、葱、姜、蒜分别洗净，部分葱打结塞进鱼肚；其余葱切成葱花，姜、蒜切成末；豆豉剁碎，备用。

2.油锅烧热，下入黄鱼，用中火煎至两面金黄，盛出，备用。

3.锅留底油，入葱花、姜末、蒜末煸出香味，入豆豉碎煸出红油，调入白糖、鸡精、绍酒、老抽，加水烧沸，加入煎好的黄鱼，大火烧开，改中火，加盖煮20分钟，待汤汁快收干时撒上香菜即可。

材料：黄鱼1条，雪里蕻100克，葱花、肥肉、姜片、香菜各适量。

调料：盐、料酒各适量。

做法：1.将黄鱼处理干净，两面切柳叶花刀，鱼身均匀涂上少量的盐，备用；雪里蕻浸泡3小时，切成段。

2.烧热干锅，入肥肉炸至出油，入姜片爆炒出香味，入黄鱼煎熟，煎至两面均呈金黄色。

3.然后倒入料酒、清水，大火烧沸，入雪里蕻段炖至汤汁发白，入葱花、盐调味，盛出，点缀上香菜即可。

带鱼

红油带鱼

材料： 带鱼 400 克，葱花适量。

调料： 盐少许，高汤、料酒、酱油、辣椒面、白糖、红油、香油各适量。

做法： 1. 带鱼处理干净切成段。

2. 油锅烧热，放入带鱼段炸至金黄色，捞出控油。

3. 余油锅烧热，下盐、料酒、酱油、辣椒面、白糖，注入高汤，放入炸好的带鱼段，大火烧沸后煨至收汁，撒上葱花，淋红油、香油，冷却后装盘，稍点缀即可。

红烧带鱼块

材料： 带鱼 300 克，鸡蛋 1 个，葱段、姜片、蒜片各适量。

调料： 白糖、醋、老抽、料酒各 2 小匙，盐、淀粉各适量。

做法： 1. 带鱼洗净，切成段，用料酒和盐腌渍 20 分钟；鸡蛋打入碗内，放入带鱼段，再放入清水及全部调料调成调味汁。

2. 油锅烧热，下入带鱼段，煎至两面呈金黄色捞出。

3. 油锅烧热，放入姜片、蒜片爆香，倒入带鱼段、调味汁，大火烧沸后，改小火炖 10 分钟，最后撒葱段略炖即可。

材料：带鱼1条，白菜叶、粉丝各75克，葱花、姜末、蒜末各少许。

调料：盐、鸡精、豆瓣酱、料酒、酱油、香醋、白糖、香油、鲜汤各适量。

做法：1.将带鱼洗净，切成小段，用盐、料酒、酱油腌渍片刻，入热油锅中煎炸至半熟，捞出沥油。

2.白菜叶洗净，入沸水中汆烫；粉丝放入砂锅中加水浸泡，备用。

3.油锅烧热，下入豆瓣酱、葱花、姜末、蒜末爆香，烹入料酒、鲜汤，大火烧沸后，加入带鱼段、酱油、白糖、香醋炖至熟，然后放入白菜叶和粉丝稍炖，加盐、鸡精调味，淋香油即可。

家常煲带鱼

材料：鲜带鱼400克，葱末、蒜片、姜片各适量。

调料：盐、五香粉、料酒、酱油、白醋、白糖各适量，味精少许。

做法：1.鲜带鱼洗净，沥干，切成大段，入油锅中煎炸至两面金黄，捞出沥油。

2.锅中留少许底油烧热，放入葱末、蒜片、姜片爆香，再烹入料酒、酱油、白醋，加入适量清水和带鱼段。

3.用大火烧沸后，转小火烧至带鱼段熟透入味，加五香粉、白糖、盐、味精调匀即可。

五香带鱼

章鱼

补血益气
缓解疲劳

章鱼性平、味甘咸，具有补血益气、收敛生肌的作用。

原香章鱼

材料： 章鱼300克，蒜、香菜各适量。

调料： 酱油、蚝油、香油各适量。

做法： 1. 章鱼清洗干净，入沸水中汆烫熟，捞出洗净，沥干水分，切成段；蒜洗净，切末。

2. 将酱油、蚝油、蒜末、香油调成调味汁，淋在章鱼段上，点缀上香菜即可。

卤香章鱼

材料： 章鱼500克，芦笋200克，香茅适量，蒜瓣少许。

调料： 生抽、鱼露各适量，沙姜、盐、海鲜酱各少许。

做法： 1. 章鱼处理干净，入沸水中汆烫至熟，捞出，过凉水；芦笋去外层硬皮，洗净，切成长段，备用。

2. 锅中加水烧沸，下入香茅、沙姜、蒜瓣，然后调入盐、生抽、海鲜酱煮沸，淋入鱼露。

3. 将汆烫好的章鱼放到锅里，关火，浸泡2个小时，捞出。

4. 将汆烫好的芦笋垫在盘边，摆上已经入味的章鱼即可。

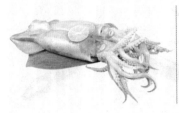

鱿鱼

对于鱿鱼，早在宋朝就有记载。苏颂在《图经本草》中对鱿鱼描写道：『一种柔鱼，与乌贼相似，但无骨尔，越人重之』。

干煸豆角炒鱿鱼

材料：豆角350克，鱿鱼300克，红甜椒1个。

调料：盐少许，酱油2小匙，豆豉、料酒各适量。

做法：1. 豆角洗净切成段，汆烫后沥干；鱿鱼洗净切成丝；红甜椒洗净切成条；鱿鱼用盐、料酒腌渍10分钟。

2. 油锅烧热，下豆豉、红甜椒条爆香，倒入鱿鱼丝和豆角段，煸炒至熟。

3. 加入盐、酱油，大火炒3分钟即可。

黄瓜炒鱿鱼

材料：鱿鱼片250克，黄瓜150克，银耳、葱末、蒜末各适量。

调料：酱油、盐各适量。

做法：1. 鱿鱼片洗净；黄瓜洗净，切成片；银耳用凉水泡发，撕成小朵，备用。

2. 锅内倒入适量清水，大火烧沸后，将鱿鱼片汆烫至熟，捞出，沥干。

3. 油锅烧热，下入葱末、蒜末爆香，倒入鱿鱼片和黄瓜片、银耳翻炒，放酱油、盐调味，翻炒均匀即可。

鳝鱼

味道鲜美
益气补血

鳝鱼是糖尿病患者的理想食品。

食用鳝鱼之后喝少许烧酒，有助于消化。

泡椒鳝段

材料： 鳝鱼400克，泡椒50克，青椒、红甜椒各适量。

调料： 酱油、红油、盐、醋、味精各适量。

做法： 1.鳝鱼处理干净，切段；泡椒洗净；青椒、红甜椒洗净，切片。

2.油锅烧热，下鳝鱼段炒至变色卷起，放入泡椒、青椒片、红甜椒片同炒。炒至鳝段断生后，加入盐、味精、酱油、红油和醋拌匀，起锅装盘即可。

干煸鳝鱼

材料： 鳝鱼500克，芹菜段100克，豆豉20克，姜丝、蒜丝各适量。

调料： 料酒1大匙，味精、花椒面、盐各少许，红酱油、醋、香油各适量。

做法： 1.鳝鱼去内脏和骨，去头尾，切成段；芹菜洗净切成段。

2.油锅烧热，入鳝鱼段煸炒5分钟，加料酒、豆豉（剁碎）、姜丝、蒜丝，炒匀后再煸1分钟，放入盐、红酱油、味精等炒匀，再加入芹菜段翻炒，烹入醋炒匀，淋香油，起锅盛入盘中，撒上花椒面即可。

材料：鲜鳝鱼片350克，芹菜段100克，姜、蒜各20克，葱白段50克。

调料：料酒、酱油各适量，郫县豆瓣2大匙，白糖、味精、胡椒粉各少许。

做法：1. 鲜鳝鱼片洗去血水，沥干水，切成段；芹菜洗净，切成段；葱白切成段；郫县豆瓣剁成蓉；姜、蒜切片。

2. 油锅烧热，下鳝鱼段爆干水分，下郫县豆瓣蓉炒香，下料酒、胡椒粉、酱油、姜片、蒜片，稍后再放入芹菜段、葱白段，加少许白糖、味精即可。

家常爆鳝片

材料：鳝鱼350克，泡椒100克，蒜少许，青椒、红甜椒各适量。

调料：盐、鸡精各少许，料酒、红油、生抽各1小匙。

做法：1. 鳝鱼处理干净，切成段，稍氽烫后用盐、生抽、料酒腌渍10分钟。

2. 青椒、红甜椒去蒂洗净，切成片；蒜去皮，洗净，切成片。

3. 油锅烧热，放入青椒片、红甜椒片、泡椒、蒜片炒香，再下入鳝鱼炒熟。

4. 下入盐、鸡精、红油、生抽调味即可。

飘香鳝鱼段

鲜虾

虾肉营养丰富，性温味甘，有补肾壮阳、通乳抗毒、养血固精、化瘀解毒等功效。

葱味白灼虾

材料： 草虾200克，葱2根，姜、红甜椒各适量。

调料： 醪糟3大匙，香油1小匙，盐、白胡椒粉各少许。

做法： 1. 草虾剪掉须和尖端，去虾线，入沸水汆烫至熟，备用。

2. 姜、葱、红甜椒均切末，与所有调料拌匀。

3. 加入汆烫好的草虾一起搅拌均匀，盛入盘中即可。

*小贴士　虾烹调前先剪掉须和尖端，去虾线，这样更方便食用。

啤酒虾

材料： 鲜虾300克，啤酒1杯，葱2根，党参、姜、枸杞子各少许。

调料： 盐少许。

做法： 1. 鲜虾略洗，剪掉须和尖端，去虾线备用。

2. 葱切成段，姜切成片。枸杞子清洗干净，沥干备用。

3. 除鲜虾以外的所有材料及调料入锅中煮至沸腾。

4. 放入处理好的鲜虾煮至再度沸腾，略翻炒一下，盖上锅盖，熄火焖约10分钟即可。

材料：鲜虾 300 克，豆腐 200 克，腊肉 100 克，白果 30 克，青椒、红甜椒各 50 克，野山椒、泡椒各少许。

调料：盐、鸡精、辣椒油、红油、料酒各适量。

做法：1. 鲜虾略洗，剪掉须和尖端，去虾线备用；腊肉洗净切成片；豆腐切成块；青椒、红甜椒切碎。

2. 炒锅烧热，放入青椒碎、红甜椒碎及泡椒、野山椒、白果炒香。

3. 加入鲜虾和腊肉片同炒至熟，放入豆腐块，注入适量清水煮开。

4. 调入盐、鸡精、辣椒油、红油、料酒调味，起锅装盘。

材料：草虾仁 200 克，菠萝 100 克，柠檬 1 个，白芝麻少许。

调料：A. 美奶滋 2 大匙，白糖 1 大匙；B. 淀粉 2 大匙，盐少许。

做法：1. 草虾仁略洗，剪掉须和尖端，去虾线洗净后沥干水分，用盐抓匀腌渍 2 分钟；柠檬榨汁与调料 A 调匀成酱汁；菠萝去皮切成片，装盘垫底，备用。

2. 草虾仁裹上淀粉后，入油锅炸 2 分钟至表面酥脆即可捞起，沥干油。

3. 将炸好的草虾仁，淋上做法 1 的酱汁，拌匀装入菠萝盘，撒白芝麻，稍点缀即可。

咸酥虾

材料: 白虾 300 克,葱 2 根,蒜、红甜椒各适量。

调料: 白胡椒粉、盐各少许。

做法: 1. 白虾洗净沥干水分;葱切成葱花;红甜椒、蒜切碎,备用。

2. 油锅烧热,入白虾炸约 30 秒,至表皮酥脆出锅沥干油。

3. 锅底留油,爆香葱花、蒜碎和红甜椒碎。放入白虾,撒入白胡椒粉和盐,以大火翻炒均匀即可。

*小贴士 清洗鲜虾时,用剪刀将头的前部剪去,挤出胃中的残留物并将虾开背。将虾煮至半熟时剥去虾壳,此时虾的背肌很容易翻起,可把肠泥去掉,再加工成各种菜肴。

碧玉鲜虾卷

材料: 鲜虾 500 克,小白菜 1 棵,鸡蛋 1 个,姜少许。

调料: 盐、白糖、白胡椒粉各少许,水淀粉 1 大匙,高汤 500 毫升。

做法: 1. 鸡蛋取蛋清;姜切成末;鲜虾去头剥壳,剔除虾线,剁成虾泥。

2. 虾泥加入鸡蛋清、盐和白胡椒粉,顺一个方向搅拌上劲,做成馅料备用。

3. 白菜叶洗净,去菜帮,菜叶切成正方形。放上一勺鲜虾馅,将白菜叶对折卷好,放入盘中。做好所有的鲜虾卷,放入蒸屉蒸熟。

4. 油锅烧热,爆香姜末。加入高汤和白糖烧开,调入盐。最后用水淀粉勾芡,浇在蒸好的鲜虾卷上即可。

海蜇

口感爽脆
营养丰富

海蜇俗称水母，
性平，营养丰富，
老少皆宜，诸无
所忌。

青豆拌海蜇

材料： 海蜇 150 克，青豆 100 克，青椒、红甜椒各适量，香菜少许。

调料： 盐、醋、味精、香油各适量。

做法： 1. 青椒、红甜椒均切成细丝；香菜切成段。

2. 海蜇漂洗去盐分后，切成 5 厘米见方的块。青豆入沸水略氽烫，捞出用凉水漂凉。

3. 取一拌盆，将做法 1 和 2 的所有材料拌匀，调入所有调料、香菜段充分调拌均匀，入盘即可。

＊小贴士　海蜇要反复漂洗以去除盐分。

捞汁木瓜海蜇

材料： 海蜇丝 100 克，木瓜 200 克，洋葱 50 克，辣椒圈、香葱末各少许。

调料： 苹果醋、生抽各 2 大匙，白糖 1 大匙。

做法： 1. 海蜇丝用流动水反复冲洗，去除盐分。

2. 木瓜切成细丝，用冷水漂洗干净；洋葱切成细丝。洋葱丝放入盘中，上面放木瓜丝，再堆上海蜇丝。

3. 在辣椒圈和香葱末中调入生抽、苹果醋、凉开水和白糖，调匀后浇入盘中即可。

贝

健脑明目
健脾和胃

贝肉肉质鲜美，营养丰富，它的闭壳肌干制后即是「干贝」，被列为八珍之一。

材料： 扇贝300克，粉丝50克。

调料： 豆豉、蒸鱼豉油各适量。

做法： 1. 粉丝入热水中泡软，捞出备用；扇贝洗净，撬开壳，取出扇贝肉，洗净。

2. 用扇贝壳当容器，粉丝垫在底下，上面放扇贝肉，然后一一放入盘中。

3. 将豆豉取出，剁碎，放入扇贝肉上，倒上适量蒸鱼豉油，入蒸锅中蒸10分钟，关火，再焖4分钟即可。

豉香扇贝

材料： 小番茄、扇贝肉各300克，芹菜段、葱段各适量。

调料： 盐、水淀粉各适量。

做法： 1. 扇贝肉洗净，入油锅中翻炒至熟，捞出。

2. 小番茄洗净，一分为二，入油锅中翻炒至熟，捞出。

3. 油锅烧热，放入葱段爆香，倒入扇贝肉、小番茄、芹菜段翻炒，倒入适量清水，大火烧沸后，加盐调味，用水淀粉勾芡即可。

小番茄烧扇贝

材料: 鲜贝 200 克, 红甜椒、胡萝卜、黄瓜、青豆、冬笋各 20 克, 鸡蛋 1 个 (取蛋清)。

调料: 水淀粉、盐、味精、香油各少许。

做法: 1. 胡萝卜、红甜椒、黄瓜、冬笋分别切菱形块, 和青豆都放入沸水锅中氽至断生捞起用冷水过凉。

2. 鲜贝漂洗干净, 切成 1 厘米见方的丁, 沥干水分。加入盐、蛋清、水淀粉充分拌匀上浆。

3. 油锅烧热, 放入做法 2 处理好的鲜贝, 炒熟后捞起晾凉。

4. 盆中放入鲜贝和做法 1 处理好的材料, 加入盐、味精、香油拌匀装盘即可。

五彩鲜贝

材料: 干贝 300 克, 芥菜心 200 克, 姜丝少许, 红甜椒丝适量。

调料: 盐少许, 色拉油适量。

做法: 1. 干贝放入水中浸泡 2 小时, 取出用蒸锅蒸 1 小时左右, 晾凉后撕成丝, 备用。

2. 芥菜心用水冲洗净, 切成片, 再放开水中氽烫, 待变软后马上捞起, 沥干水分, 备用。

3. 锅置火上, 倒入色拉油 (或橄榄油) 烧热, 放入芥菜心片爆炒。

4. 再加入姜丝、干贝丝、少许水以小火慢烧。待烧至熟后放盐调味, 撒上红甜椒丝即可。

干贝菜心

蟹

滋补身体
舒筋活血

清热解毒、通经
活络之功效。

味咸，性寒，有
蟹膏肥黄美。蟹
的时节，此时的
金秋是吃蟹最好

爆炒海蟹

材料：海螃蟹600克，葱花、姜片、蒜片、香菜段各30克。

调料：花椒、白糖、干辣椒段、拌饭酱、盐、淀粉各适量。

做法：1.将海螃蟹处理干净，掰开蟹壳，反复用水洗净，剁成小块，蘸上淀粉，备用。

2.油锅烧热，入螃蟹块，炸至熟透。锅内留底油，下入花椒、干辣椒段煸炒出香味，入葱花、姜片、蒜片翻炒出香味，再入拌饭酱、盐、白糖调味炒匀，入少许水小火焖至螃蟹块入味，最后下香菜段拌匀，出锅即可。

陆海双黄

材料：梭子蟹500克，鸡蛋2个，蒜末、姜末各30克，葱花适量。

调料：盐、料酒、白胡椒粉、淀粉各少许，白酒、生抽各适量。

做法：1.梭子蟹处理好，腿与身体分开，调入盐、白胡椒粉、料酒腌渍20分钟，在螃蟹的断口处封上淀粉。

2.将鸡蛋打散，调入盐搅匀，备用。

3.油锅烧热，放入蟹将其炸透，入蒜末、姜末、葱花翻炒出香味，入白酒提香，调入生抽调味，调至大火，入鸡蛋液迅速翻炒均匀，快速翻面，出锅前撒葱花即可。

材料：螃蟹脚 400 克，洋葱片、青椒片各少许，葱 1 根。

调料：奶油 1 大匙，黑胡椒粉、盐各少许，香油 1 小匙，醪糟 1 大匙。

做法：1. 螃蟹脚洗净，用菜刀轻轻拍裂；葱切成段，备用。

2. 将螃蟹脚加所有调料和其他材料放入铝箔纸里面，四边折成方盒。

3. 再放入预热约 190℃ 的烤箱中，烤约 10 分钟取出即可。

* 小贴士　先将活螃蟹用盐水浸泡洗刷，将外部的脏物洗净，再放入淡盐水内浸泡，让它吐掉胃内的污物，反复换水，使其自净。

奶油蟹脚

材料：梭子蟹 2 只，芋头 200 克。

调料：椰浆 400 毫升，咖喱粉、葱姜汁各适量。

做法：1. 将芋头洗净，煮熟，去皮后碾成泥，铺在浅口碗中。

2. 梭子蟹处理干净，剁成两半。

3. 将蟹放入葱姜汁中浸泡 40 分钟，取出，沥干，备用。

4. 油锅烧热，放入蟹，煎至略焦干后，捞出，沥油。

5. 锅留底油，放入咖喱粉略炒，入椰浆搅匀，再下入蟹件翻炒，待蟹件粘满咖喱椰浆后，取出置于芋泥上，再将咖喱椰浆倒入，最后放上蟹盖即可。

咖喱椰浆蟹

牡蛎

滋补身体
益胃生津

牡蛎又叫生蚝，是含锌非常丰富的食物，常吃可以提高机体免疫力。

黄油焗牡蛎

材料： 牡蛎 500 克，芹菜、蒜各适量。

调料： 干面包屑、黄油各适量，胡椒粉少许。

做法： 1. 牡蛎洗净；芹菜择洗干净，切成末；蒜去皮，切成末，备用。

2. 牡蛎肉朝上，放入蒸锅中，冷水上锅蒸至牡蛎肉熟。取出晾凉，留牡蛎肉及汁，备用。

3. 黄油放入碗中捣成泥后，放入蒜末、芹菜末、干面包屑、胡椒粉和少许牡蛎汁搅拌均匀，备用。

4. 烤盘中放上牡蛎，肉上抹做法 3 中的料糊，入烤箱烤 3 分钟。

牡蛎平菇汤

材料： 牡蛎肉、鲜平菇各 200 克，干紫菜 20 克，姜片少许。

调料： 香油、盐、味精各少许。

做法： 1. 干紫菜浸泡，洗去杂质；平菇洗净，切成条，备用；将牡蛎肉洗净。锅内烧水，水开后放入牡蛎肉氽烫，捞出沥干，备用。

2. 将牡蛎肉、紫菜及姜片一起放入锅内，加入适量清水。

3. 大火烧沸后，放入平菇段再煮 15 分钟左右。

4. 煮至所有食材熟软后，加香油、盐、味精调味即可。

福煲幸汤

一碗汤，不仅仅是一碗汤，更是一种热爱生活的态度，一种美食的温馨和享受。

来一碗浓情的汤煲吧，将你所有的耐心、细心和感情融入其中。爱生活，从爱煲汤开始。

第六章

鸡汤

多喝些鸡汤能够提高免疫力，可帮助减轻感冒症状。

童鸡桂圆田七汤

材料：童子鸡1只，猪瘦肉150克，田七片8克，桂圆肉20克。

调料：盐少许。

做法：1. 童子鸡去内脏后洗净，与猪瘦肉一同汆烫，洗净后沥干。

2. 以上材料置煲中，注入清水，加入田七片和桂圆肉。

3. 待汤滚沸后，改以小火煲3小时，放盐调味即可。

银耳大枣煲老鸡

材料：老鸡1只，银耳40克，红枣10颗，姜3片。

调料：盐适量。

做法：1. 老鸡洗净，切成大块；银耳泡温水20分钟；红枣洗净，去核，备用。

2. 煲锅中倒入足量水以大火煮开，加入老鸡块、红枣及姜片。

3. 以中火煲90分钟，再加入银耳继续煲30分钟。最后加入盐调味，稍点缀即可。

材料：鸡翅 400 克，香菇 200 克，葱段、姜片各适量。

调料：胡椒粉、大料各少许，盐、料酒各适量。

做法：1. 鸡翅洗净，备用。

2. 香菇去蒂洗净，在菇面划十字刀，备用。

3. 鸡翅放入加有少许姜片的沸水中氽烫后捞出，备用。

4. 锅置火上，倒入适量清水，放入鸡翅、香菇、葱段、姜片及所有调料，大火煮沸后，再转小火，煮 25 分钟即可。

鸡翅香菇汤

材料：土鸡 1 只，榴莲肉少许，姜 2 片。

调料：料酒、盐各适量。

做法：1. 土鸡放入沸水中氽烫约 5 分钟，捞出洗净，切成块备用。

2. 所有材料放入煲锅中，倒入适量水烧开，再加入料酒和盐，移入蒸锅中隔水蒸炖 2 小时，稍点缀即可。

* 小贴士　如果用普通铁锅炖，要先将氽烫好的土鸡以中大火炖 40 分钟，待汤汁有点呈乳白色时，再加入榴莲肉一起炖。榴莲营养价值极高，经常食用可以强身健体、健脾补气、补肾壮阳、暖和身体。

榴莲炖土鸡

何首乌南枣煲乌鸡

材料： 乌鸡1只，制何首乌片少许，南枣适量，姜2片。

调料： 盐适量。

做法： 1. 乌鸡切成4份，放入沸水中氽烫约5分钟后捞出，洗净沥干；制何首乌、南枣洗净备用。
2. 所有材料放入煲锅中，倒入足量开水，大火煮沸。
3. 转中火煲2小时，最后加入盐调味即可。

啤梨煲鸡汤

材料： 啤梨4个，土鸡1只。

调料： 盐适量。

做法： 1. 啤梨去核，切大块；土鸡斩件，氽烫后洗净。
2. 以上材料同放入煲内，注入适量清水，待水煮沸后，转调慢火煲2小时，下盐调味即可。

茶树菇乌鸡汤

材料： 茶树菇干12枚，乌鸡1只，红枣适量，姜2片。

调料： 盐适量。

做法： 1. 乌鸡洗净，放入沸水中氽烫约3分钟后捞出，对半切开，备用。
2. 茶树菇干浸泡10分钟洗净，红枣洗净，去核。
3. 所有材料放入煲锅中，倒入足量开水，大火煮沸，转中火煲2小时，入盐调味即可。

材料：鸡腿肉 200 克，香水椰子 1 个，山药块、水发枸杞子各适量。

调料：盐 1 小匙，鸡精少许。

做法：1. 从椰子顶部约 1/5 处切开，椰子汁倒出，椰子盖留用；鸡腿肉洗净，切成块；其余材料均洗净，备齐。

2. 将鸡腿块放入沸水锅中氽烫，去除血水，捞出，沥干水分，备用。

3. 将鸡腿块、山药块、枸杞子放入椰壳内。

4. 倒入准备好的椰子汁（约 9 分满），移至蒸锅，盖上椰子盖和锅盖，开火蒸 1 小时至熟，加盐、鸡精调味即可。

椰香鸡汤

材料：土鸡 1 只，白菜心 300 克，金华火腿 60 克，姜片 40 克。

调料：料酒 2 大匙，盐适量。

做法：1. 土鸡放入沸水中氽烫约 5 分钟，捞出洗净后斩块，备用。

2. 白菜心、金华火腿均洗净，切块备用。

3. 煲锅中倒入 3000 毫升水烧开，加入土鸡块、金华火腿块及姜片，以中火煲 90 分钟。

4. 再加入白菜心块继续煲 40 分钟，加入料酒和盐即可。

* 小贴士　将宰好的鸡先放在盐、胡椒和啤酒中浸渍 1 小时，烹制时就没有腥味了。

肘子白菜煲土鸡

鸭汤

健脾开胃
祛暑消疲

保健功效更大。
原料的鸭子汤，
尤其是以其为
保健养生食品，
鸭子是很好的

鲜莲冬瓜煲鸭汤

材料： 冬瓜 1000 克，鲜莲叶 1 片，洋薏米 30 克，老鸭 1 只，莲子、陈皮各适量。

调料： 盐少许。

做法： 1. 冬瓜去瓤，连皮切成大块；老鸭洗净，斩大块，汆烫，过冷水备用；陈皮浸软。

2. 所有材料洗净，置于锅内，注入清水。

3. 待水煮沸后转小火煲 3 小时，加盐调味即可享用。

冬瓜薏米煲鸭汤

材料： 老鸭半只，冬瓜 300 克，薏米 100 克，姜片、枸杞子各适量。

调料： 料酒 1 小匙，白胡椒粉、盐各少许。

做法： 1. 薏米加水浸泡；老鸭洗净，斩大块；冬瓜去籽留皮，洗净，切块。

2. 水烧开，加料酒。鸭块入沸水中汆烫 3 分钟，至鸭肉变色捞出。

3. 煲内加入适量水，大火煮开后放入鸭块、薏米、姜片。再次煮沸后转中小火煲煮 30 分钟。

4. 放入冬瓜块和枸杞子，煮 20 分钟，加白胡椒粉和盐调味即可。

鱼汤

鱼类所含的优质蛋白质易于消化吸收，炖汤后，能更好地发挥其滋补作用。

香菜皮蛋鱼片汤

材料： 鱼肉 200 克，香菜适量，皮蛋 2 个，姜丝少许。

调料： 料酒 1 大匙，盐适量。

做法： 1.鱼肉洗净，切成小片；香菜洗净，切成段；皮蛋去壳，切成块，备用。

2.煲锅中倒入 1600 毫升水煮开，加入香菜段、皮蛋块及姜丝以中火煮 5 分钟。

3.再加入鱼肉片继续煮 2 分钟。

4.最后加入料酒和盐调味即可。

豆腐芥菜鱼头汤

材料： 芥菜 50 克，豆腐 50 克，姜片适量，胖鱼头 500 克。

调料： 盐、味精、胡椒粉各适量。

做法： 1.豆腐洗净，切长方块；芥菜洗净，切片，备用；鱼头去鳃，洗净沥干。

2.油锅烧热，下鱼头煎至呈金黄色，捞出，备用。锅底留油，爆香姜片，放入鱼头、豆腐块及 1500 毫升开水煮沸。

3.再加入芥菜片大火煮 15 分钟，最后加入所有调料调味即可。

豆腐鲫鱼煲

材料：小鲫鱼2条，北豆腐1块，葱片、姜丝各少许。

调料：辣豆瓣酱、老抽各1小匙，白糖2小匙，鸡精、盐、面粉各适量。

做法：1.鲫鱼宰杀，清洗干净，沥干水分后均匀地裹上面粉；北豆腐切成方块。

2.油锅烧热，入裹好面粉的鲫鱼，煎至两面呈金黄色捞出。

3.锅内入葱片和姜丝爆香，放入辣豆瓣酱炒香。加入开水，下煎好的鲫鱼。加入盐、白糖和老抽，炖5分钟。

4.下豆腐块，继续炖10分钟，出锅前加鸡精调味，稍点缀即可。

鲤鱼笋尖汤

材料：鲤鱼500克，冬笋尖片50克，鸡蛋（取蛋清）1个，蒜苗段、葱段、姜片、香菜段各适量。

调料：淀粉、香油、盐、味精、料酒、胡椒粉各适量。

做法：1.鲤鱼处理干净，剔骨取肉，切片。

2.鲤鱼肉片放入碗中，加少许盐、料酒、味精、淀粉、蛋清抓匀。

3.油锅烧热，爆香葱段、姜片后，倒入适量清水，然后放入鱼片、冬笋尖片，煮至鱼肉熟透，再调入盐、胡椒粉、味精，略煮后盛出，最后淋入香油，撒上蒜苗段、香菜段即可。

材料：鲤鱼 1 条，冬瓜 1/2 个，葱段、姜片、香菜各适量。

调料：胡椒粉、盐各少许，料酒、味精各适量。

做法：1. 鲤鱼处理干净后洗净；冬瓜洗净，去皮、瓤，切成片。

2. 油锅烧热，放入鲤鱼煎至两面变黄后，倒入适量清水，然后放入冬瓜片煮沸，接着放入料酒、葱段、姜片、盐、味精，煮至鱼熟，捞出葱段、姜片，最后撒入胡椒粉和香菜即可。

鲤鱼汤

材料：吉鱼柳 250 克，南瓜 100 克，香菇 50 克，粉丝 70 克，菠菜叶 80 克，白芝麻 30 克（炒香）。

调料：生抽 1 小匙，鸡汤 1500 毫升。

做法：1. 粉丝提前用热水泡发，然后用剪子将粉丝剪短；南瓜切成片；香菇洗净切成丝。

2. 将鸡汤和生抽倒入汤锅中用大火煮沸。煮沸后加入南瓜片和香菇丝。

3. 转小火加热 3 分钟，加入吉鱼柳和泡发好的粉丝。然后放入洗净的菠菜叶，最后撒上炒好的白芝麻即可。

亚式菠菜鱼丝汤

牛肉汤

牛肉汤味美且营养丰富，搭配不同的配料就能煮出不同风味的牛肉汤。

山药炖腩排

材料： 腩排 300 克，山药 150 克，桂圆肉 40 克，枸杞子 20 克，姜 1 片。

调料： 料酒 2 大匙，盐适量。

做法： 1. 腩排切成方块，入沸水汆烫 3 分钟捞出，洗净，备用。

2. 山药洗净，去皮切片；桂圆肉、枸杞子泡软，备用。

3. 所有材料放入煲锅中，倒入 1200 毫升热水，加入调料，移入蒸锅中隔水蒸炖 2 小时即可。

牛肉土豆汤

材料： 牛腩 200 克，土豆、番茄各 1 个，菠菜、黄豆各 50 克。

调料： 盐适量。

做法： 1. 牛腩洗净，切成块；土豆洗净，去皮，切成块；番茄洗净，切成片；菠菜择洗净；黄豆洗净，入清水中浸泡至发，备用。

2. 锅置火上，加入适量油烧热，炒香牛腩块，接着放入适量清水，煮沸后加土豆块、黄豆，大火煮 3 分钟后转小火煮 20 分钟，然后放入菠菜、番茄片，再次煮沸后加盐，煮至入味即可。

材料：胡萝卜300克，牛腩20克，葱段、姜片各少许。

调料：大料3粒，盐、料酒各适量。

做法：1.胡萝卜洗净，切成小块；牛腩洗净后切成薄片。

2.油锅烧热，下葱段、姜片炒出香味。

3.下牛腩片翻炒至快熟时烹入料酒，加清水煮沸。撇去浮沫，加入大料，改小火将牛腩炖熟。

4.拣去葱段、姜片、大料，放入胡萝卜块，加盐调味，继续炖至牛腩熟烂即可。

胡萝卜牛腩汤

材料：苦瓜600克，腩排450克，陈皮3片，姜2片。

调料：盐适量。

做法：1.苦瓜洗净，对半切开，去籽，切成段。放入烧热的干锅中小火干煎3分钟。加入沸水煮约5分钟，捞出，备用。

2.腩排切成长方块放入沸水中氽烫约5分钟，捞出洗净；陈皮洗净，备用。

3.煲锅中倒入3500毫升水煮开，加入腩排块、陈皮及姜片。以中火煲40分钟，加入苦瓜段再煲30分钟，最后加入盐调味即可。

陈皮苦瓜煲腩排

羊肉汤

补中益气 开胃健身

民间有"药补不如食补，食补不如汤补"的说法，其中，羊汤可谓是汤中之首。

蜜枣羊肉汤

材料：羊肉 750 克，黑木耳 30 克，蜜枣、姜各适量。

调料：盐适量。

做法：1. 羊肉洗净，切成块，入沸水中汆烫后捞出；黑木耳入温水中浸泡至发，去蒂洗净，撕成小朵；姜洗净，切成片，备用。

2. 锅置火上，加入适量清水，放入羊肉块、蜜枣、姜片，大火煮沸后转小火煮约 2 小时，煮至材料熟烂，最后放入黑木耳、盐，煮熟即可。

当归羊肉汤

材料：当归 10 克，姜片适量，羊肉 500 克。

调料：料酒 1 大匙，陈皮适量，盐少许。

做法：1. 羊肉切块，汆烫后过冷水沥干；当归用水浸泡 30 分钟。

2. 油锅烧热，爆香姜片、陈皮，下羊肉块炒透，烹入料酒后，转入砂锅内。

3. 注入适量清水，加入当归，以大火煮 20 分钟，加入盐搅匀。

4. 砂锅置蒸笼上，隔水以中慢火蒸 2 小时，至羊肉酥烂，稍点缀即可。

材料：干玫瑰花 3 朵，青椒 1 个，猪肉 100 克。

调料：盐适量。

做法：1. 猪肉切片，加盐腌 20 分钟。

2. 玫瑰花瓣放入水中充分浸泡，清洗干净；青椒洗净，去籽，切成丝。

3. 油锅烧热，放入肉片，炒至五成熟放入青椒丝炒熟，加入约 800 毫升水，大火煮开。

4. 加入玫瑰花，小火熬煮约 20 分钟后，调入盐即可。

玫瑰肉片汤

材料：猪瘦肉块 400 克，麦冬 25 克，红枣适量，党参 15 克，生地 10 克。

调料：盐适量。

做法：1. 麦冬、党参、生地分别洗净。

2. 锅中加适量清水，下猪瘦肉块、麦冬、党参、生地、红枣，大火煮沸后转小火煮 1 个小时，最后加盐调味即可。

 小贴士　这道汤中含有微量生物碱、皂苷等，能补五脏、利脾胃。

健脾瘦肉汤

南瓜煲猪腱

材料： 南瓜 900 克，猪腱 600 克，南杏、北杏各 40 克，蜜枣 10 颗，姜 2 片。

调料： 盐适量。

做法： 1. 猪腱切小块，放入沸水中氽烫约 3 分钟，捞出洗净，沥干备用。

2. 南瓜洗净，去皮，切块；南、北杏及蜜枣洗净，备用。

3. 煲锅中倒入 3500 毫升水煮开，加入除南瓜之外的所有材料，以中火煲 1 小时。

4. 加入南瓜继续煲 40 分钟，最后加入盐调味即可。

春笋咸肉排骨汤

材料： 春笋、猪肋排各 100 克，咸肉 10 克，鲜姜片、葱各少许。

调料： 料酒 1 小匙，盐、胡椒粉、白糖各少许。

做法： 1. 春笋洗净切成滚刀块；猪肋排洗净剁成段；咸肉切成片；葱切成段，备用。

2. 春笋块和剁好的猪肋排分别放入沸水中，氽烫片刻捞出，备用。

3. 将氽烫好的春笋块、猪肋排段、咸肉片、鲜姜片、料酒、盐、胡椒粉和白糖盛入煲锅，加入适量清水拌匀，入蒸屉隔水蒸炖 40 分钟，取出撒上葱段即可。

材料：猪肚 100 克，白果 20，薏苡仁 20 克，姜 10 克，面粉适量。

调料：盐、醪糟各适量。

做法：1. 将猪肚用面粉充分清洗干净；姜洗净，去皮切成片；白果洗净；薏苡仁洗净。

2. 锅置火上，放入猪肚和适量清水，煮至半熟。

3. 将猪肚捞出，待其稍放凉后切成小块，备用。

4. 将锅置火上，放入猪肚块、姜片、薏苡仁、白果和足量清水。

5. 先开大火烧沸，再转中火炖煮 1 个小时至猪肚块完全熟透，加醪糟搅匀，加盐调味，出锅装碗即可。

材料：冻豆腐 300 克，猪排骨 50 克，海带 100 克，葱、姜各适量。

调料：盐少许。

做法：1. 冻豆腐化冻后切成 3 厘米见方的大块；葱切成段；姜拍碎；猪排骨洗净剁成小块，备用；海带洗净，备用。

2. 排骨块放入煮锅，加入足量冷水，大火煮至沸腾。继续煮 2 分钟后捞出排骨洗净，弃汤水。

3. 砂锅注水，入葱段、姜和排骨块。烧开后加盖小火焖煮 1 小时。

4. 加入海带，继续加盖小火焖煮 40 分钟。调入盐后加入冻豆腐，焖煮 20 分钟即可。

山药薏苡仁排骨汤

材料：猪小排 300 克，薏苡仁 100 克，山药 200 克，葱 2 段，姜 2 片。

调料：盐少许。

做法：1. 薏苡仁提前浸泡 10 小时以上；山药去皮洗净，切成滚刀块；排骨斩成 5 厘米长的段。

2. 大火烧开锅中的水，放入排骨汆烫 3 分钟，捞出排骨。

3. 锅内重新加入足量开水，放入泡好的薏苡仁、排骨段、山药块、葱段、姜片，大火烧开后，转小火煲煮 60 分钟。

4. 出锅前加盐调味，稍点缀即可。

萝卜煲猪蹄

材料：猪蹄 600 克，青萝卜、胡萝卜各 600 克，蜜枣 8 颗，姜 3 片。

调料：陈皮 2 片，盐适量。

做法：1. 猪蹄切小块，放入沸水中汆烫 5 分钟捞出。洗净备用。

2. 青萝卜、胡萝卜均洗净，去皮，切成滚刀块，备用。

3. 煲锅中倒入 4000 毫升水以大火煮开，加入猪蹄块、蜜枣、陈皮及姜片，以中火煲 90 分钟。

4. 再加入青萝卜、胡萝卜继续煲 1 小时，最后加入盐调味，稍点缀即可。

精品主食

民以食为天，色、香、味、形俱佳且营养健康的美味主食，既让我们能吃饱，又为我们提供了基础的营养和健康。

这饱含了浓浓温情的自制主食，让舒心和满足温暖我们的内心。

第七章

扬州炒饭

材料: 米饭 200 克，虾米、水发干贝、熟火腿、熟鸡脯肉各 20 克，鸡蛋 3 个，葱末适量。

调料: 料酒适量，盐少许。

做法: 1. 将水发干贝洗净切成蓉；熟火腿、熟鸡脯肉切成丁；将鸡蛋打散，加入部分葱末，搅打均匀，备用。

2. 锅中倒油烧热，放入除鸡蛋液、米饭和剩余葱末外的所有材料煸炒，加料酒、盐调味后盛入盘中，备用。

3. 另起锅，放油烧至五成热，倒入鸡蛋液炒散，加入米饭同炒，然后再倒入做法 2 中炒好的食材及葱末入锅内炒匀，翻炒片刻后盛出装盘即可。

鲜蔬蛋炒饭

材料: 米饭 200 克，胡萝卜 150 克，鲜豌豆 50 克，鸡蛋 1 个，葱适量。

调料: 盐、料酒各 1 小匙。

做法: 1. 胡萝卜洗净，切成丁；葱择洗干净，切成葱花；鸡蛋磕入碗中。

2. 将鸡蛋打散，加入少许料酒和清水，搅打均匀。锅内倒入 2 大匙植物油，烧至八成热时倒入鸡蛋液，炒熟后盛出。

3. 锅中再补适量植物油，烧至七成热，下入胡萝卜丁和鲜豌豆翻炒 1 分钟。加入米饭，翻炒均匀。

4. 倒入炒好的鸡蛋，继续翻炒至所有食材都熟透。

5. 撒入盐调味，加入葱花，翻炒均匀即可。

材料：米饭、酸豆角各 200 克，猪肉末 100 克，辣椒 15 克，葱、姜各适量。

调料：生抽 1 大匙，盐 1 小匙，胡椒粉 1/2 小匙。

做法：1. 将酸豆角洗净，切成丁；葱、姜、辣椒分别切碎。

2. 将猪肉末放入大碗中，淋入生抽，加入盐、胡椒粉，搅拌均匀，腌渍 20 分钟。

3. 锅内倒入 2 大匙植物油烧热，放入葱、姜、辣椒碎炒香。

4. 放入腌制好的猪肉末翻炒。

5. 待猪肉末炒至变色后倒入酸豆角碎，继续翻炒 3 分钟。

6. 将炒好的肉末酸豆角盛出，铺在米饭上即可。

肉末酸豆角盖饭

材料：鲜虾 80 克，大米 50 克，豌豆、玉米粒、胡萝卜碎各 20 克，鸡蛋 1 个，葱花适量。

调料：高汤 250 毫升，料酒 1/2 小匙，盐适量。

做法：1. 鲜虾去壳洗净，用盐和料酒略腌；鸡蛋打散；豌豆、玉米粒分别洗好；大米洗净，用高汤浸泡 1 小时，入锅蒸熟，晾凉。

2. 锅置火上，倒入花生油烧热，放入豌豆、玉米粒和胡萝卜碎炒熟后盛出，倒入蛋液炒熟盛出，再放适量花生油将虾仁炒熟，备用。

3. 油锅烧热，依次放入葱花、米饭、做法 2 中炒好的食材同炒，撒上盐炒匀即可。

五彩虾仁炒饭

雪菜泡饭

材料：雪菜50克，笋丁50克，小米椒碎若干，米饭1小碗，鸡蛋1个。

调料：盐少许。

做法：1.米饭放入锅中，加入足量的水，用大火烧沸。

2.随后放入雪菜和笋丁烧煮。接着磕入鸡蛋，用小火煮3分钟。

3.最后待汤水渐干时加盐拌匀。把煮好的鸡蛋摆在上面，撒些小米椒碎即可。

茶泡饭

材料：蟹肉棒100克，绿茶水200毫升，白芝麻少许，米饭1小碗，海苔、葱末各少许。

调料：无。

做法：1.蟹肉棒煮熟，用刀背拍松，切成细丝；海苔切成细丝；绿茶晾凉备用。

2.米饭放入深碗中，上端摆入蟹肉棒丝。

3.再放入海苔丝和葱末，撒入白芝麻。最后淋入沏好的绿茶水即可。

青菜汤饭

材料：虾米10克，火腿20克，青菜50克，米饭1小碗。

调料：盐、鸡精各少许。

做法：1.火腿切小丁；虾米泡发；青菜清洗干净，备用。

2.米饭放入锅中，加入足量的水，大火烧沸。入青菜、虾米和火腿小丁。

3.调入盐和鸡精，用中火煮至水分略干即可。

材料：洋葱1个，南瓜400克，米饭300克。

调料：百里香碎适量，白葡萄酒200毫升，马斯卡彭奶酪、瑞士硬奶酪碎各30克，鸡汤800毫升，盐、白胡椒粉各少许。

做法：1.洋葱切碎；南瓜去皮、瓤，切丁。

2.油锅烧热，下洋葱碎和南瓜丁，翻炒2分钟，再下米饭继续翻炒3分钟。

3.锅中倒入白葡萄酒，随后分4次倒入鸡汤，加盖用小火慢慢加热。

4.加入百里香碎、瑞士硬奶酪碎和马斯卡彭奶酪，同米饭搅拌均匀。最后用盐和白胡椒粉调味即可。

意式南瓜烩米饭

材料：黑豆200克，香米100克，洋葱80克，青椒50克，蒜末适量。

调料：鸡味高汤300毫升，盐、白胡椒粉各适量。

做法：1.洋葱切成丝；青椒切成圈。

2.黑豆洗净，放入锅中，加适量清水大火煮开，捞出沥干水分；香米洗净，备用。

3.油锅烧热，下洋葱丝、蒜末、青椒圈炒香，放入黑豆、鸡味高汤、香米。

4.加盖后大火煮沸，转小火熬煮至汤汁收干。米饭全熟后，加入盐和白胡椒粉调味即可。

穆洛米饭

土豆香肠丁焖米饭

材料：大米、土豆各 100 克，广式香肠 1 根。

调料：盐 1 小匙。

做法：1. 土豆去皮、洗净，和广式香肠都切成小丁。

2. 油锅烧热，大火烧至七成热，下入土豆丁翻炒。炒至土豆丁呈金黄色后，均匀地撒一层盐，关火。

3. 大米淘洗干净，倒入电饭锅，加入适量清水，放入炒好的土豆丁和香肠丁，盖上电饭锅盖，开始煮饭。

4. 待电饭锅提示米饭煮好后，揭开盖子，用勺子或筷子将米饭和土豆丁、香肠丁拌匀，再盖上盖子闷 10 分钟左右即可。

豆豉鲜鱿盖饭

材料：米饭（熟）200 克，鲜鱿鱼 150 克，红辣椒 80 克，油菜 100 克，姜片、葱段、蒜末各适量。

调料：豆豉、水淀粉各适量，盐少许。

做法：1. 红辣椒去蒂、籽，洗净，切成块；油菜择洗干净，切成段；鲜鱿鱼洗净，切成花，入沸水中焯熟后盛出。

2. 锅内倒油烧热，下姜片、葱段、蒜末和豆豉炒香，加红辣椒块、油菜段炒至七成熟，下鲜鱿鱼花，加盐炒匀，最后用水淀粉勾薄芡，起锅盛于米饭旁即可。

材料：大米 100 克，猪瘦肉 20 克，燕麦片 1 大匙，罗汉果 1 个。

调料：无

做法：1. 大米放入水中浸泡半小时；罗汉果洗净、掰开；猪瘦肉切成丝。

2. 锅内倒适量水，烧沸后放入大米，开大火煮至沸腾后放入猪瘦肉丝。

3. 将掰开的罗汉果放入锅内，转小火熬煮。

4. 粥快煮好时倒入燕麦片，用勺子顺时针方向搅拌均匀，煮至熟烂即可。

罗汉果燕麦片瘦肉粥

材料：大米 100 克，花生 50 克，鸡腿 1 个，葱 1/2 根，姜适量。

调料：盐 1 小匙。

做法：1. 大米提前浸泡 30 分钟，捞出沥干；葱择洗干净，切成段；姜切成片。

2. 锅内倒适量水，烧沸后放入葱段、姜片和鸡腿，煮至鸡腿熟烂。

3. 煮熟的鸡腿捞出放凉后去皮，将鸡肉撕成丝。

4. 另起锅烧水，水沸后倒入花生和沥干水分的大米。

5. 开大火将水煮沸，倒入鸡丝搅拌均匀，转小火慢慢熬煮。

6. 待粥变得黏稠后，撒入盐调味即可盛出。

花生鸡丝粥

香滑肉丸粥

材料：大米 100 克，猪五花肉 240 克，干贝 40 克，姜末、葱丝、葱末、香菇、青椒丝、红甜椒丝各适量。

调料：盐、香油、胡椒粉各少许，淀粉 3 小匙，酱油 1 小匙。

做法：1. 大米洗净，拌入少许盐和油，腌约 20 分钟；干贝切成粒；猪五花肉切成末。

2. 将干贝粒同大米一同放入锅中，大火烧开，改小火煲 40～50 分钟。

3. 香菇洗净，切成片；肉末加所有调料及姜末、葱末拌匀，捏成肉丸。

4. 粥煲好后，放入香菇片及肉丸煮熟，撒上青椒丝、红甜椒丝、葱丝即可。

话梅芒果冰粥

材料：大米 100 克，话梅 50 克，猕猴桃 60 克，芒果 150 克。

调料：冰糖 50 克。

做法：1. 将大米用清水浸泡半小时，沥干；猕猴桃和芒果去皮，切小块。

2. 锅中加入话梅和适量清水，大火煮开。

3. 倒入沥干水分的大米，再次大火煮开后，转小火慢煮，直至黏稠。

4. 关火后放入冰糖，用勺子顺时针搅拌至溶化。

5. 将粥在室温放凉后，再放入冰箱冷藏半小时，取出后放入猕猴桃块和芒果块拌匀即可。

材料：手擀面 200 克，黄瓜、绿豆芽各 50 克，炸花生仁 30 克。

调料：芥末油、盐、白糖、花椒油、辣椒油各 1 小匙，生抽 3 大匙，醋 1 大匙。

做法：1. 将绿豆芽择洗干净，汆烫到断生后捞出；黄瓜切成丝。

2. 将炸花生仁用擀面杖碾碎。

3. 锅中加足量水烧沸，下入手擀面煮熟。

4. 煮好的面条过凉水，沥干水分，淋入植物油搅拌均匀。

5. 煮好的面条盛入碗中，放入绿豆芽和黄瓜丝，依次调入盐、生抽、醋、白糖、花椒油、芥末油。

6. 浇上辣椒油，撒上炸花生碎，用筷子搅拌均匀即可。

材料：扯面 150 克，油菜、绿豆芽各 30 克，葱少许，蒜 3 瓣。

调料：辣椒粉、生抽、醋各 1 大匙，盐 1 小匙。

做法：1. 葱洗净，蒜去皮，均切成末；油菜、绿豆芽分别择洗干净。

2. 锅内倒适量水烧开，放入绿豆芽和油菜汆烫。

3. 将汆烫好的绿豆芽和油菜沥干后铺在大碗底部。

4. 将扯面煮熟，放在大碗中铺好的蔬菜上。

5. 向碗中的扯面淋上生抽、醋，撒上盐、葱末、蒜末和辣椒粉。

6. 锅置火上，倒入 2 大匙油烧热后，将油泼在面上即可。

莲子番茄炒面

材料： 面条 100 克，莲子 15 个，番茄 1 个，蒜 3 瓣。

调料： 料酒 1 大匙，盐 1/2 小匙，白胡椒粉少许，高汤适量。

做法： 1. 蒜切成片；番茄去皮，切成丁，备用；莲子用水泡软后，入沸水中氽烫至熟，捞出，备用。

2. 面条煮熟，捞出备用。

3. 锅中入油烧热，爆香蒜片，放入莲子，淋上料酒、高汤，翻炒片刻。

4. 最后加入番茄丁炒软，加入面条和剩余调料拌炒，至汤汁收干即可。

纯素炸酱面

材料： 挂面 150 克，黄瓜 100 克，鸡蛋 2 个，蒜 3 瓣，葱 1 根。

调料： 豆瓣酱 150 克。

做法： 1. 鸡蛋磕入碗中，打散；葱切成葱花；黄瓜切成丝；蒜去皮，切成片。

2. 锅内倒入 2 大匙植物油，烧至七成热时倒入鸡蛋液，翻炒至蛋液略凝固后盛出。

3. 锅内再补 2 大匙植物油，放入葱花爆香。加入豆瓣酱炒匀，加入炒好的鸡蛋，继续翻炒，如果太干，可以加点水，翻炒均匀，做成炸酱。

4. 另取一锅加水，将挂面煮熟。

5. 煮熟的挂面捞出后过凉，沥干水分盛在碗中，摆上黄瓜丝、蒜片，淋上炸酱即可。

材料：方便面1包，午餐肉4片，鸡蛋1个，薄荷叶少许。

调料：无。

做法：1. 锅内倒少许油，开中火，磕入鸡蛋，煎成蛋黄略生、蛋白熟透的太阳蛋，盛出，备用。

2. 锅内补少许植物油，放入午餐肉，煎至两面金黄，盛出，备用。

3. 锅内倒入适量清水，水开后放方便面和调味包，煮3分钟左右。

4. 将面捞出盛入碗中，摆上煎好的午餐肉和鸡蛋，用薄荷叶点缀即可。

午餐肉鸡蛋面

材料：挂面、番茄各200克，鸡蛋3个，葱花适量。

调料：料酒1大匙，盐、白糖各1小匙。

做法：1. 鸡蛋磕入碗中，加少许清水和料酒打散；番茄去皮，切成块。

2. 锅内倒入2大匙植物油，开中火烧至六成热，倒入蛋液炒至松散、凝固后将其盛出。

3. 锅中补入2大匙植物油，倒入番茄块翻炒。炒至溢出汤汁时，倒入炒好的鸡蛋，撒入盐、白糖炒匀。

4. 炒匀后加入适量清水，待汤汁变稠后撒入葱花，制成卤，盛出。

5. 锅中倒入足量清水，大火煮开后放入挂面煮熟，捞出沥干，盛在碗中，将卤浇在面上即可。

番茄打卤面

韩式凉拌玉米面

材料：玉米挂面 100 克，鸡蛋 1 个，黄瓜 1/2 根，辣白菜 50 克。

调料：韩式辣酱、生抽各 2 大匙，橙汁、白醋各 1 大匙，盐 1 小匙，香油少许。

做法：1. 鸡蛋煮熟切成两半；黄瓜洗净，和辣白菜分别切成丝。

2. 将韩式辣酱、生抽、橙汁、盐、白醋放入小碗中，做成调味汁。

3. 锅内倒入水烧开，放入玉米挂面。

4. 玉米挂面煮熟后捞出，过凉水，然后沥干水分，盛入碗中。

5. 在玉米面里淋入少许香油，搅拌均匀以防止面粘连。再淋入做法 2 中做好的调味汁，搅拌均匀。

6. 最后摆上切好的黄瓜丝、辣白菜丝和鸡蛋，稍点缀即可。

韭菜鸡蛋炒河粉

材料：河粉 50 克，黄豆芽 30 克，韭菜 20 克，鸡蛋 2 个，姜适量。

调料：干辣椒 15 克，料酒、老抽各 1 大匙，盐 1 小匙。

做法：1. 黄豆芽、韭菜分别择洗干净，切成段；姜切成丝；干辣椒切成段。

2. 鸡蛋磕入碗中，鸡蛋液中加少许料酒和清水，打散。锅内倒入 2 大匙植物油，烧至七成热时倒入鸡蛋液，炒至鸡蛋凝固时盛出。

3. 锅内补 2 大匙植物油，烧至七成热时放入干辣椒段和姜丝炒香。

4. 放入黄豆芽和韭菜段翻炒至断生，再放入提前炒好的鸡蛋翻炒均匀。

5. 放入河粉，淋入老抽。最后加盐调味，快速翻拌均匀即可。

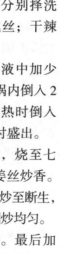